MONOGRAPHIE

DU

GENRE ONOTHERA

PAR

M. LE PROFESSEUR ABBÉ H. LÉVEILLÉ
Secrétaire perpétuel et Ancien Directeur de l'Académie internationale de Géographie botanique
Secrétaire général de l'Association française de Botanique
Directeur du Monde des Plantes
Officier d'Académie

AVEC LA COLLABORATION POUR LA PARTIE ANATOMIQUE

DE

M. Ch. GUFFROY
Ingénieur-Agronome (I. N. A.)
Secrétaire de la Société des Sylviculteurs de France et des Colonies
Rédacteur de la Revue générale d'Agriculture
Chevalier du Mérite Agricole

42 Planches hors texte en héliogravure de M. BELLOTTI
D'après les photographies de MM. l'Abbé GORRIN et TRICONNET
Dessins des principaux fruits par M. A. ACLOQUE
Dessins anatomiques et des graines par M. Gh. GUFFROY
Descriptions, habitat et clefs analytiques
Distribution géographique des espèces dans l'Amérique du Nord
D'après les cartes de M. A. S. HITCHCOCK
Et dans l'Amérique du Sud, d'après les cartes de l'auteur

PRIX : 100 francs (Prix de souscription : 50 fr.)
Il a été tiré 200 exemplaires tous numérotés

LE MANS
IMPRIMERIE DE L'INSTITUT DE BIBLIOGRAPHIE
ANCIENNE MAISON MONNOYER

1902

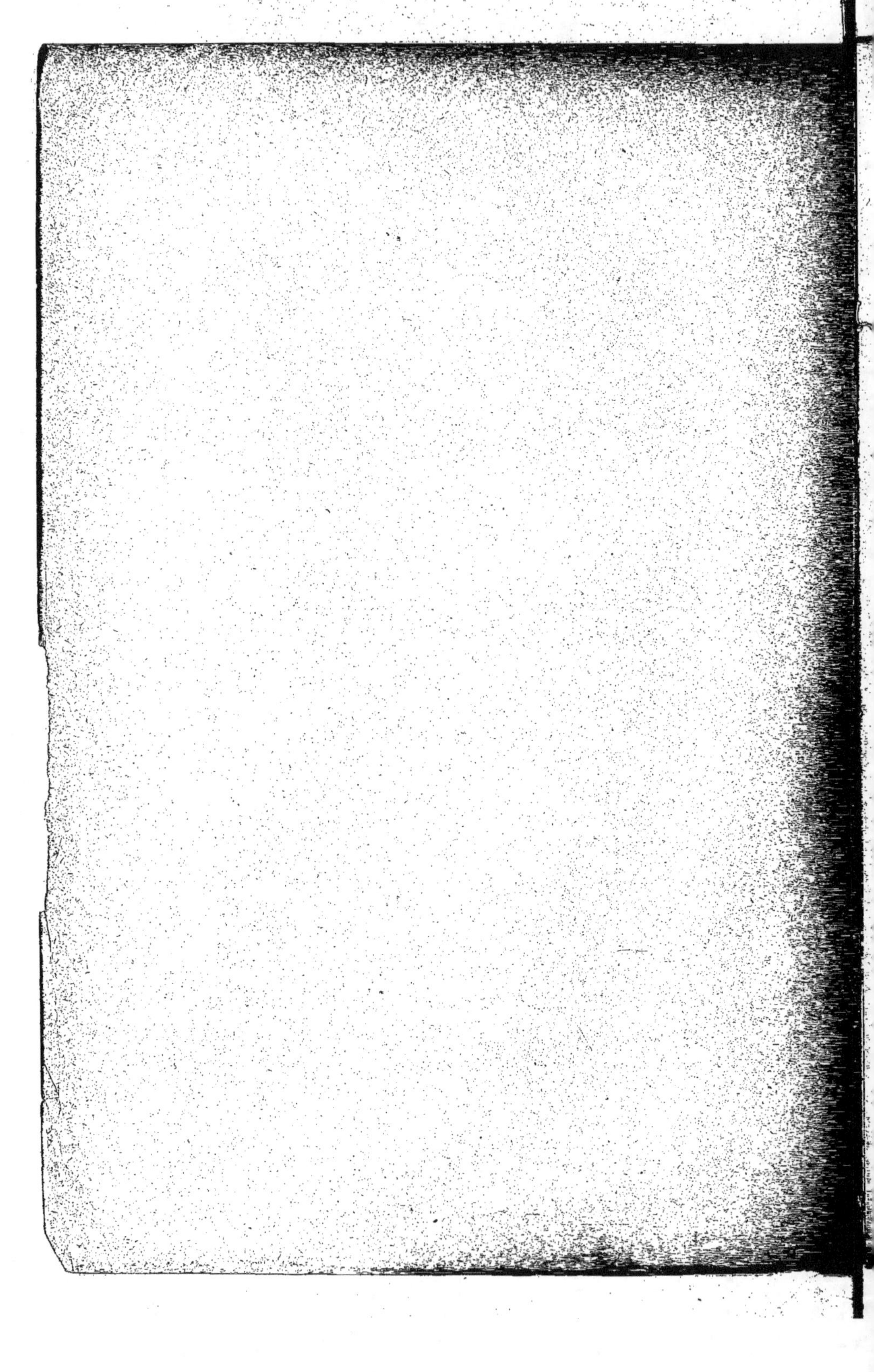

MONOGRAPHIE

DU

Genre Onothera

A

Exemplaire N°

MONOGRAPHIE

DU

GENRE ONOTHERA

PAR

M. LE PROFESSEUR ABBÉ H. LÉVEILLÉ

Secrétaire perpétuel et Aucien Directeur de l'*Académie Internationale de Géographie Botanique*
Secrétaire général de l'*Association Française de Botanique*
Directeur du *Monde des Plantes*
Officier d'Académie

AVEC LA COLLABORATION POUR LA PARTIE ANATOMIQUE

DE

M. CH. GUFFROY

Ingénieur-Agronome (I. N. A.)
Secrétaire de la Société des Sylviculteurs de France et des Colonies
Rédacteur de la *Revue générale d'Agriculture*
Chevalier du Mérite Agricole

42 Planches hors texte en héliogravure de M. BELLOTTI
D'après les photographies de MM. l'Abbé CORBIN et TRICONNET
Dessins des principaux fruits par M. A. ACLOQUE
Dessins anatomiques et des graines par M. CH. GUFFROY
Descriptions, habitat et clefs analytiques
Distribution géographique des espèces dans l'Amérique du Nord
D'après les cartes de M. A. S. HITCHCOCK
Et dans l'Amérique du Sud d'après les cartes de l'auteur

PRIX : 100 francs. (Prix de souscription : 50 fr.)
*Il a été tiré **200** exemplaires tous numérotés*

LE MANS

IMPRIMERIE DE L'INSTITUT DE BIBLIOGRAPHIE
ANCIENNE MAISON MONNOYER

1902

PRÉFACE

MÉRICAIN (*à l'exception d'une seule espèce, l'Onothera tasmanica* Hook., *dont nous aurons d'ailleurs à discuter la présence en Australie*), *le genre* Onothera *n'a été de nos jours l'objet d'aucun travail d'ensemble; et pourtant la beauté, la grâce des fleurs d'un bon nombre de ses espèces, l'anthèse tardive et le changement de couleurs de la plupart d'entre elles, eussent dû attirer l'attention sur ce genre très compréhensif et très varié, représenté par des espèces tantôt lilliputiennes, tantôt de taille plus qu'humaine.*

Les Onothères sont des plantes peu connues en Europe où seulement quelques espèces ont réussi à s'acclimater et où un petit nombre ont été introduites dans les jardins. Un certain nombre d'entre elles sont ornementales et, jusqu'ici, négligées à tort en horticulture; il est vrai qu'un grand nombre d'espèces sont nocturnes. D'autres sont à fleurs changeantes, ce qui pourrait, par la bizarrerie du phénomène, compenser l'absence de leur épanouissement diurne.

1

Les espèces à fleurs jaunes, jusqu'ici presque exclusivement cultivées dans les jardins, ne sont ni les plus belles, ni les plus gracieuses.

M. Hugo de Vries a fait, sur tout un groupe d'Onothères, d'intéressantes observations et d'instructives expériences dont nous parlerons plus longuement, en traitant de ce groupe que nous renvoyons précisément à la fin de l'ouvrage à seule fin de donner une synthèse aussi complète que possible de tout ce qui a trait au genre *Onothera*.

Il y a assez peu de temps que les travaux monographiques sont à l'ordre du jour. L'impossibilité de tout étudier et de tout connaître a conduit les savants au principe fécond de la division du travail. Alors ont paru les monographes, qui doivent être des hommes aux idées larges, non préconçues, s'étant habitués de bonne heure à abstraire et à généraliser, familiarisés par des études générales, devenues successivement restreintes, avec les principes philosophiques qui sont la condition de toute science, et particulièrement avec les méthodes d'induction et de déduction, la première basée sur l'observation et l'expérience, la seconde concluant de principes généraux à des cas particuliers. Certains genres ont exercé et exerceront encore longuement la sagacité et la patience des botanistes.

Tels les genres *Rosa*, *Rubus*, *Mentha*, etc. Les botanistes européens s'y sont plus spécialement consacrés, se consolant ainsi, par l'étude et la description des formes et des variétés ou d'espèces hypothétiques, de leur champ d'action limité et laissant aux botanistes sédentaires ou à leurs confrères des pays exotiques le soin et le plaisir de découvrir et de décrire de véritables et nombreuses espèces jusque-là inédites ou inconnues. Occupés précisément à cette tâche, les botanistes américains n'ont pu, qu'en ces derniers temps, procéder à la révision monographique des genres, et leurs travaux dans cet ordre sont justement appréciés. M. William Trelease, entre autres, a abordé avec succès et autorité la révision de certains genres pour l'Amérique du Nord.

Quoi qu'il en soit, le genre qui nous occupe a jadis été l'objet de *travaux que nous aurons le devoir et de consigner et d'analyser ici, soit au point de vue taxinomique, soit au point de vue anatomique, soit même au point de vue étymologique.*

*Dès 1828, cinquante-sept espèces d'*Onothera *étaient mentionnées et succinctement décrites au Prodrome d'Aug. Pyr. de Candolle.*

En 1835, paraissait la Monographia Onagrearum *de Spach, travail d'ensemble le plus complet qui ait paru sur cette section de la famille des Onothéracées dont deux genres (*Onothera *et* Epilobium*) ont, seuls, fait jusqu'ici le sujet de monographies distinctes.*

Nous aurons à étudier le travail de Spach avant de donner notre classification du genre Onothera *et à indiquer ses sections.*

*De 1850 à 1855, un bon nombre d'*Onothera *étaient mentionnés ou décrits dans les* Plantae wrightianae Texano Neo-Mexicanae *d'Asa Gray.*

Depuis lors, des espèces nouvelles étaient, à des dates multiples, et dans des recueils variés, publiées par des botanistes, notamment par les botanistes américains, parmi lesquels nous citerons en particulier Asa Gray, S. Watson, Nuttall, Torrey, Philippi et Greene.

*L'*Index Kewensis *paru de 1893 à 1895, donne avec la synonymie une liste des espèces en indiquant succinctement l'aire géographique de la plupart.*

Enfin, en 1898, le Dr Otto Kuntze dans sa Revisio generum plantarum, *ajoute son contingent d'espèces au genre* Onothera.

Voilà sous le rapport taxinomique.

Au point de vue anatomique, M. Paul Parmentier publiait, en 1897, ses Recherches anatomiques et taxinomiques *sur les* Onothéracées *et les* Haloragacées ; *nous aurons, dans une juste mesure, à tenir compte de ce mémoire.*

Au point de vue étymologique, MM. Saint-Lager et Gillot soutenaient des thèses en faveur du vocable Onothera.

*Nous n'entrerons pas dans de longues polémiques au sujet des appellations d'*Œnothera *ou d'*Onothera. *Nous ferons seulement remarquer que l'on a souvent employé les termes* Onagra *et* Onagrariées *corrélatifs* *d'Onothera et d'Onothéracées et non pas d'Œnothera. En outre l'opinion de Th. de Heldreich, le savant botaniste athénien, dont la compétence dans la langue grecque ne saurait être discutée, nous a déterminé à fixer ici le nom d'Onothera donné au genre le plus intéressant de la famille des Onothéracées.*

Déjà, depuis longtemps, nous adoptions ce vocable que nous appliquions, après de Jussieu, à la famille dénommée par nous ONOTHÉRA-CÉES, *et nous avons le plaisir de voir les botanistes en renom, MM. Van Tieghem, Bonnier et Rouy, consacrer, de leur autorité, cette appellation, dans leurs œuvres.*

Depuis de longues années nous étudiions, avec ardeur et passion, le genre embrouillé des Epilobes, dont nous recevons des envois des diverses parties du globe. On nous adressait, en même temps, des échantillons des genres voisins Onothera, Jussiaea, Ludwigia, *etc.*

Peu à peu se formait ainsi l'herbier monographique de la famille des Onothéracées, *aujourd'hui propriété de l'Académie internationale de Géographie botanique, incomplet encore, mais renfermant des espèces rares et manquant dans les plus grands herbiers.*

Cet herbier fut naturellement la première source où nous puisâmes.

Depuis lors, grâce à l'amabilité de leurs propriétaires et de leurs conservateurs, certains herbiers, d'une extrême importance ou fort utiles à consulter, nous ont été totalement communiqués.

C'est ainsi que nous devons des remerciements tout particuliers, à l'aimable et généreuse initiative de MM. Williams Barbey, Eug. Autran et du Prof. Fr. Kamienski.

Des Onothera *nous étaient adressés par des savants américains ou européens et venaient enrichir l'herbier de l'Académie.*

De ce chef, MM. A. et F. Philippi, Hitchcock, Trelease, R. P. Sodiro, Kuntze, Porter, ont un droit spécial à notre gratitude.

Nous consultions l'herbier du Muséum de Paris dont MM. Bureau, Poisson, Franchet et Gagnepain nous mettaient à même de compulser les nombreux échantillons et d'y puiser tous les renseignements dont nous pouvions avoir besoin.

M. William Trelease et le gouvernement américain ont bien voulu mettre, pendant plusieurs mois, à notre disposition leur très riche (1) collection d'Onothera que nous avons longuement étudiée et révisée.

Depuis lors, nous avons également passé en revue des collections particulières, telles celle de M. Michel Gandoger, pour ne citer que la plus importante.

Enfin l'herbier de Kew doit nous donner, par la consultation d'un certain nombre de formes indiquées dans l'Index Kewensis, les renseignements que nous n'avons pu trouver ailleurs.

Nous ne saurions oublier de remercier tous ceux qui nous ont aidés dans notre tâche, nos dévoués collaborateurs et notre imprimeur, M. Ch. Monnoyer, représentant d'une maison plusieurs fois séculaire.

Le Mans, 21 novembre 1901.

---

(1) Elle comprenait alors 1324 pages d'*Onothera*. Celles des herbiers Boissier et Barbey-Boissier comprenaient respectivement 481 et 164 pages.

LA MONOGRAPHIE DE SPACH

A Monographie de Spach, publiée, en 1835, en deux parties, mais dans le même volume des *Annales des Sciences naturelles* (2e série, vol. IV, p. 161 et 270), sous le titre de Monographia Onagrearum auctore Eduardo Spach, est le seul travail d'ensemble publié jusqu'ici sur la famille des Onothéracées dont certains genres, les *Jussieua*, *Ludwigia* et *Fuchsia*, en particulier, présentent encore la plus grande confusion.

De Candolle, dans son *Prodromus*, Pars III, p. 45 (1828), avait déjà divisé le genre *Onothera* en trois sections : *Sphærostigma* à stigmate globuleux; *Onagra*, à fruit oblong cylindrique-tétragone; *Œnotherium*, à fruit obovale en massue, souvent à huit côtés; ces deux dernières divisions étaient, en outre, caractérisées par leur stigmate quadrifide.

Après avoir divisé en trois tribus (*Jussieuées* DC., *Onagrées* Spach et *Lopeziées* Spach), les Onagrariées, Spach subdivise les *Onagrées* en cinq sections : les Gayophytinées, les Onothérinées, les Gaurinées, les Epilobinées et les Fuchsinées.

Nous donnons, ci-contre, le tableau synoptique des seules sections renfermant les espèces dont nous aurons à traiter au cours de cette Monographie.

Ainsi qu'on le verra, l'auteur à subdivisé en plusieurs genres le genre *Onothera*. Nous ne le suivons pas dans cette voie; d'une part, parce que les caractères indiqués ne nous ont paru ni constants, ni suffisamment différenciels et que, d'autre part, ils sont ou difficilement appréciables ou soumis à des fluctuations résultant d'appréciations purement personnelles des botanistes.

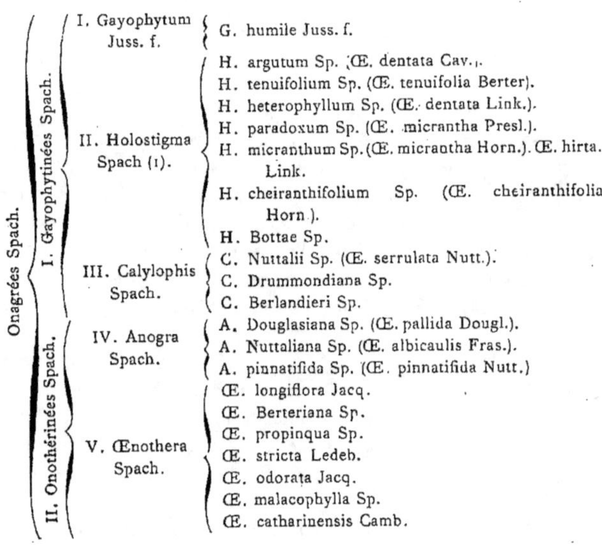

Onagrées Spach.	I. Gayophytinées Spach.	I. Gayophytum Juss. f.	G. humile Juss. f.
		II. Holostigma Spach (1).	H. argutum Sp. (Œ. dentata Cav.).
			H. tenuifolium Sp. (Œ. tenuifolia Berter).
			H. heterophyllum Sp. (Œ. dentata Link.).
			H. paradoxum Sp. (Œ. micrantha Presl.).
			H. micranthum Sp. (Œ. micrantha Horn.). Œ. hirta. Link.
			H. cheiranthifolium Sp. (Œ. cheiranthifolia Horn.).
			H. Bottae Sp.
	II. Onothérinées Spach.	III. Calylophis Spach.	C. Nuttalii Sp. (Œ. serrulata Nutt.).
			C. Drummondiana Sp.
			C. Berlandieri Sp.
		IV. Anogra Spach.	A. Douglasiana Sp. (Œ. pallida Dougl.).
			A. Nuttaliana Sp. (Œ. albicaulis Fras.).
			A. pinnatifida Sp. (Œ. pinnatifida Nutt.)
		V. Œnothera Spach.	Œ. longiflora Jacq.
			Œ. Berteriana Sp.
			Œ. propinqua Sp.
			Œ. stricta Ledeb.
			Œ. odorata Jacq.
			Œ. malacophylla Sp.
			Œ. catharinensis Camb.

(1) L'auteur attribue en outre à cette section, les espèces suivantes qu'il n'a pas vues : *Œ. Boothii* Dougl., *Œ. pygmæa* Dougl., *Œ. spiralis* Hook., *Œ. viridescens* Hook., *Œ. contorta* Dougl.

<table>
<tr><td rowspan="40">Onagrées Spach.</td><td rowspan="40">II. Onothérinées Spach.</td></tr>
</table>

V. Œnothera Spach.	Œ. brachysepala Sp.
	Œ. affinis Camb.
	Œ. mollissima L.
	Œ. indecora Camb.
	Œ. albicans Lamk.
	Œ. Mexicana Sp.
	Œ. Drummondii Hook.
	Œ. heterophylla Sp.
	Œ. sinuata L.
	Œ. minima Pursh.
	Œ. humifusa Nutt.
VI. Megapterium Spach.	M. Nuttalii Sp. (Œ. macrocarpa Pursh. Œ. alata Nutt.).
	M. Missouriense Sp. (Œ Missouriensis Sims.)
VII. Onagra Tournef.	O. spectabilis Sp. (Œ. corymbosa Curt.).
	O. Kunthiana Sp. (Œ. elata Kunth.).
	O. vulgaris Sp. (Œ. biennis L.).
	O. Linkiana Sp. (Œ. media Link).
	O. Lehmanniana Sp. (Œ. erosa Lehm.).
	O. chrysantha Sp. (Œ. parvifl. L. Œ. cruciata Nutt.).
VIII. Pachylophis Spach.	P. Nuttalii Sp. (Œ. caespitosa Nutt).
IX. Lavauxia Spach.	L. Nuttaliana Sp. (Œ. triloba Nutt.).
	L. cuspidata Sp. (Œ. acaulis Lindl.).
	L. mutica Sp. (Œ. taraxacifa Sw., Œ. acaulis Cav.).
	L. centaurifolia Sp.
X. Hartmannia Spach.	H. gauroides Sp. (Œ. rosea Ait.).
	H. virgata Sp. (Œ. virgata R. et Pav.).
	H. parviflora Sp. (Œ. pinnatifida Hortor.).
	H. Kunthiana Sp. (Œ. pinnatifida Kunth.).
	H. macrantha Sp. (Œ. tetraptera Cav.).
	H. tarquensis Sp. (Œ. tarquensis Kunth.).
	H. epilobiifolia Sp. (Œ. epilobiifolia Kunth.).
XI. Kneiffia Spach.	K. glauca Sp. (Œ. glauca Michx.).
	K. suffruticosa Sp. (Œ. fruticosa L.).
	K. maculata Sp. (Œ. serotina Sweet.).
	K. Fraseri Sp. (Œ. Fraseri Pursh.).
	K. floribunda Sp. (Œ. hybrida Michx.).
	K. angustifolia Sp. (Œ. linearis Michx.).
	K. pumila Sp. (Œ. pumila L.).
	K. chrysantha Sp. (Œ. chrysantha Michx.).
	K. linifolia Sp. (Œ. linifolia Nutt.).

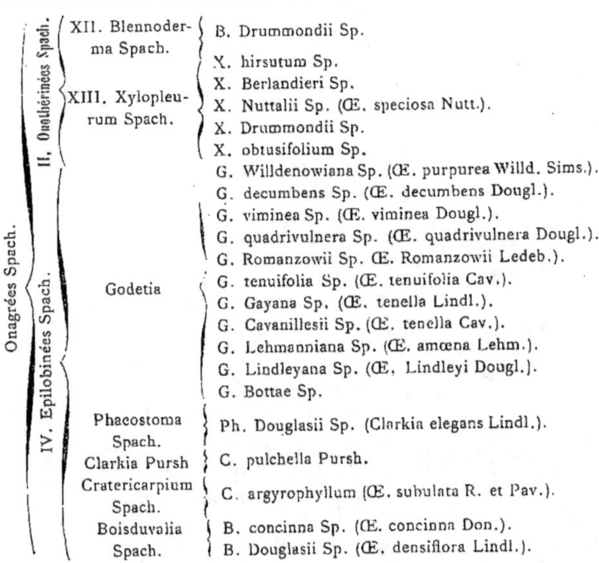

D'après le tableau précédent, on peut voir que Spach a passablement multiplié tant les genres que les espèces, et qu'il a gratifié les uns et les autres de tant de noms nouveaux, que ces vocables (à la seule exception des *Godetia* et des *Boisduvalia*, adoptés bien à tort en horticulture), n'ont pas réussi à prévaloir.

Nous ne nous attarderons pas à discuter les divisions de l'auteur, ni à critiquer ses espèces. Le lecteur verra quelle conception nous nous sommes faite du genre Onothera et de ses espèces, et c'est avec confiance que nous le prenons pour juge.

Il est vrai qu'au premier abord, on serait tenté de sectionner le genre Onothera en plusieurs genres si l'on s'en rapportait à la forme variable des fruits et des graines; mais les caractères généraux, et surtout l'aspect d'ensemble, donnent aux diverses espèces des liens de parenté si étroits, que la conception unigénérique correspond mieux aux faits observés. En outre les caractères anatomiques, tirés d'un examen attentif de la graine, s'opposent au sectionnement du genre *Onothera*.

Nous ne suivrons donc pas Spach dans la voie où il est entré et nous nous bornerons à classer les diverses espèces en groupe saillants, caractérisés surtout par la morphologie de leurs fruits.

CONSIDÉRATIONS GÉNÉRALES

UAND on aborde l'étude d'un genre ou d'une famille de plantes, la première pensée qui doit venir à l'esprit c'est de s'inspirer de principes directeurs qui permettent de se faire une idée nette des espèces qui les composent et de les distinguer les unes des autres.

On se trouve en présence de deux systèmes opposés : l'analyse et la synthèse. Selon que l'on embrasse l'un ou l'autre, on aboutit à des conclusions absolument opposées. Avec l'un, on cherche toujours les différences et, comme il n'existe pas deux plantes absolument semblables, il n'y a pas de raison pour s'arrêter sur la pente, et l'on est porté à faire (surtout en certains genres) à peu près autant d'espèces que d'individus. Avec l'autre, on cherche les rapports, les rapprochements, les analogies et on arrive à admettre des stirpes spécifiques, suffisamment larges et suffisamment déterminés pour aboutir à la conception d'espèces nettement caractérisées, mais très variables dans leurs limites. L'espèce ! saurons-nous jamais ce qu'elle est en réalité ? Nous en doutons. Toutefois la synthèse a l'avantage de nous rapprocher de la véritable entité spécifique.

La plupart de nos espèces des Flores ne sont que des espèces artificielles ou floristiques et non pas des espèces réelles ou historiques.

Quant à leur apparition et à leur dispersion à la surface du globe, nous nous trouvons en présence de trois systèmes ou hypothèses : 1° l'hypothèse des centres de création, admettant que les plantes ont apparu sur certains points d'où elles ont rayonné pour se répandre alentour ; 2° l'hypothèse de la marche d'orient à l'occident, qui fut celle de l'humanité ; cette hypothèse a été soutenue avec talent par Franchet, et lui sembla découler de la richesse même de la flore de l'Asie centrale dont nous ne posséderions que des rameaux, du moins sur nos montagnes d'Europe.

Hâtons-nous de déclarer que Franchet n'excluait pas l'idée d'une végétation primordiale et autochtone. Cette seconde hypothèse nous a quelque peu séduit et fait oublier la troisième qui fut longtemps la nôtre, et que nous croyons de nouveau la véritable ; 3° l'hypothèse de la création des espèces sur place et de leur développement selon les milieux et les influences climatériques. Nous avons naguère posé en principe que partout existent ou existaient dans le sol, les germes propres à donner une végétation adaptée aux conditions de chaleur ou d'humidité qui lui sont propres.

Bien entendu, nous excluons les espèces importées par l'homme ou par des causes accidentelles, espèces beaucoup plus nombreuses qu'on ne le suppose. Toutefois, l'étude de la Flore de l'Asie centrale et de l'Asie orientale avait eu pour effet de poser ce problème devant nous :

Comment cette Flore est-elle spécialement riche en genres qui y possèdent leur maximum d'espèces ? N'y aurait-il pas là un foyer de végétation primitive dont nous ne posséderions que les ramifications, et les hauts plateaux de l'Asie, récemment soulevés, n'auraient-ils pas été le berceau du règne végétal comme ils l'ont été de l'humanité ? Un de nos savants collègues, M. Eug. Vaniot, notre collaborateur pour les *Carex*, a su concilier cette troisième hypothèse, d'une création sur place, avec celle d'une marche des espèces d'orient en occident, et résoudre ainsi l'objection dont la solution paraissait difficile. L'apparition des espèces a eu lieu partout simultanément et uniformément, et il fut un temps (c'est une vérité géologique) où la température fut uniforme à la surface du globe.

Or, là se trouvent et le maximum d'espèces et la végétation la plus luxuriante où les conditions les plus favorables de végétation ont été conservées. Tel est le cas de l'Asie centrale et, très spécialement, de la Chine orientale.

Quoi qu'il en soit, nous aurons, à la fin du présent mémoire, à étudier la dispersion géographique des *Onothera* à travers le continent américain, et, là encore, nous retrouverons l'application de la même loi et la vérification de la dernière hypothèse.

La plante ne vit qu'en vue de la reproduction de l'espèce. C'est la grande loi du *crescite* et *multiplicamini* appliquée aux êtres organisés. Cela est tellement vrai, que, si une plante vient à croître dans un sol aride et rocailleux, où elle parvient à peine à vivre en demeurant chétive et malingre, elle se hâte de donner fleurs et fruits. Tout pour la graine semble être la devise de la plante et le secret de la vie, cette merveille inexpliquée qui, avec la matière et le mouvement, supposent *inéluctablement* un Dieu comme auteur.

Aussi avons-nous pensé que c'était dans la graine qu'il fallait chercher la différence entre les espèces, et avons-nous basé toute notre classification du genre Onothera sur la graine et le fruit, considérés au double point de vue morphologique et anatomique.

Au point de vue de la forme des fruits, nous divisons le genre *Onothera* en grandes sections dont on trouvera plus loin l'énumération.

De même que chez les Epilobes, il n'y a qu'un caractère sérieux : le stigmate indivis ou quadrifide, de même chez les *Onothera* il n'y a de caractère précis que dans la forme du fruit et de la graine, et dans la conformation du stigmate, tantôt nettement quadrifide, tantôt indivis et affectant souvent, alors, la forme d'un disque.

Dès à présent, nous ferons une remarque fort importante sur

laquelle nous appelons toute l'attention des botanistes, c'est la variabilité de la grandeur de la fleur chez les Onothères. Ce caractère se rencontre à peu près chez toutes les espèces qui présentent une forme à grandes fleurs et une forme à petites fleurs. On ne saurait considérer la grandeur ou la petitesse des fleurs comme des caractères susceptibles d'être employés dans la classification, de telle sorte que l'on ne saurait y voir qu'un caractère accidentel répondant tout au plus à l'idée de variation. Si la petitesse de la fleur se complique d'une étroitesse très nette des pétales on peut obtenir un bon caractère de race.

ÉTUDE ANATOMIQUE DES ESPÈCES

ous avons, dans des travaux précédents (1), défini l'*Espèce :*
L'ensemble des plantes présentant la même structure
anatomique au point de vue qualitatif ;
Et mis en lumière les quelques points suivants :

1° *Deux espèces différentes diffèrent toujours qualitativement dans leur organisation interne ; deux formes d'une même espèce peuvent différer quantitativement mais jamais qualitativement ;*

2° *L'examen anatomique doit toujours porter sur une même partie de l'organe ou du tissu considéré, chez des individus parvenus à un même degré de développement ;*

3° *La grandeur relative de deux éléments ne peut nullement servir à différencier deux types ; toute question de rapport doit être écartée d'une diagnose ;*

4° *Ce qu'il faut étudier au point de vue de la classification anatomique ce n'est ni un tissu ni un organe, c'est l'individu tout entier, ce sont tous ses organes, tous ses tissus ;*

5° *Si deux individus présentent pour un même organe des diffé-*

---

(1) Ch. Guffroy : « L'anatomie végétale au point de vue de la classification »
(in *Soc. Bot. de Fr.*).

Ch. Guffroy : : « De la délimitation et de la description des types botaniques »
(in *Ass. fr. de Bot.*).

rences anatomiques *qualitatives*, on pourra assurer, sans pousser plus loin les recherches, qu'ils appartiennent à deux types spécifiques différents. Par contre, si deux individus ne présentent pour un même organe que des différences anatomiques *quantitatives*, on ne pourra assurer qu'ils appartiennent à un même type spécifique qu'après avoir étudié comparativement tous les autres organes et reconnu qu'aucun d'eux ne présente de différences anatomiques *qualitatives*.

Pour l'étude anatomique des Onothera nous n'avions malheureusement à notre disposition que la feuille, et, dans la plupart des cas, la graine. Cette dernière ne nous a fourni aucun caractère net permettant de différencier les espèces, par l'étude d'une section transversale ou longitudinale, dans chacun des grands groupes délimités par la morphologie.

Par contre, la feuille nous a fourni d'excellents caractères : 1° par ses poils, 2° par son mésophylle, 3° par son faisceau ligneux.

N'ayant étudié qu'un seul organe, si nous pouvons, chaque fois que nous avons trouvé une différence qualitative, assurer qu'il y a espèce distincte, il nous est impossible, dans le cas contraire, d'affirmer qu'il n'y a là que variété ou forme : le criterium fourni par l'étude des autres organes nous manque.

Quoi qu'il en soit, cette étude anatomique, même restreinte, nous a permis :

a. — D'asseoir fermement les espèces admises comme valables par la morphologie.

b. — D'élever au rang d'espèces valables des types douteux que la morphologie eût été tentée de rattacher comme variétés à d'autres types.

Lorsque des types douteux ne nous ont présenté aucun caractère qualitatif différentiel, nous avons suivi l'exemple de la morphologie en les rattachant à des espèces reconnues valables. Il y a de grandes probabilités pour admettre qu'il en est ainsi en réalité, mais il convient quand même de ne pas affirmer, faute de documents suffisants.

Pour chacun des grands groupes morphologiques nous avons suivi l'ordre suivant :

I. — Description anatomique de chaque type.

 α. Épaisseur de la feuille.

 β. Nature du mésophylle.

 γ. Dimensions du faisceau ligneux : largeur, épaisseur ; rapport $R = \frac{\text{largeur.}}{\text{épaisseur.}}$

 δ. Description des poils : a, lisses ; b, verruqueux.

II. — Description anatomique résumée de chaque section du groupe :

 α. Glabræ.

 ·β. Homotrichæ (poils tous de même nature).

 γ. Heterotrichæ (poils de nature différente).

III. — Conspectus anatomique des espèces.

IV. — Groupement des espèces en sections (d'après la nature des poils) et en sous-sections (d'après la forme des poils).

V. — Classification admise pour le groupe.

On remarquera que dans toutes nos descriptions, nous n'avons négligé l'indication d'aucune dimension (toujours exprimée en $\mu = \frac{1}{1000}$ de mm.). C'est que si ces chiffres sont sans valeur au point de vue rigoureusement scientifique, puisqu'il rentrent dans le domaine quantitatif, ils sont des plus utiles au point de vue pratique, et sont souvent d'un grand secours pour la détermination lorsqu'on possède des matériaux incomplets ou en mauvais état.

ÉTUDE DES GRAINES

ES échantillons d'herbier se présentent en général sous de mauvaises conditions pour l'étude des graines. Dans la plupart des cas l'espèce a été recueillie avant d'être parvenue à maturité complète afin d'avoir en bon état des fleurs et des feuilles, et afin d'éviter la déhiscence du fruit. Très souvent donc la graine n'a pas terminé son développement, d'où des difficultés pour déterminer sa grandeur, sa couleur, et même sa forme définitives ; enfin la pression exercée pour dessécher la plante, est venue en outre, parfois, amener de nombreuses déformations.

Si la graine joue un rôle considérable en classification, il convient cependant, sous peine de tomber en plein jordanisme, de ne pas tenir compte de sa couleur, de ses dimensions (var. macrosperma, typica, microsperma) et même jusqu'à un certain point de sa forme. Il n'est pas rare, dans tous les genres du règne végétal, de trouver dans un même fruit tous les intermédiaires entre les formes rondes, elliptiques, ovales, entre les formes régulières et irrégulières, etc.

Mais ce qui est essentiellement caractéristique c'est la *nature des ornements*. Une graine ailée, ponctuée, réticulée, alvéolée, verruqueuse, muriculée, sillonnée, ruminée, est un caractère suffisant pour délimiter une espèce, sans avoir besoin d'autres définitions.

En ce qui concerne plus spécialement la famille des Onothéracées,

il convient également d'examiner la valeur taxinomique des *papilles*
dont sont ± garnies les graines de certaines espèces (1). La papille est
un poil court, un rudiment de poil ; le poil est une papille très allongée. Or le poil ne peut jamais servir à établir une diagnose spécifique
par sa présence ou son absence. Quand en anatomie taxinomique
deux plantes présentent des poils de nature différente, il y a sûrement
deux espèces différentes, car il a fallu 2 prototypes différents pour
réagir différemment contre une même sorte de milieu. Au contraire,
l'absence du poil indique seulement l'absence de réaction (par non
emploi ou non existence du réactif). *La différenciation faite entre
diverses prétendues espèces à cause de la présence ou de l'absence de
papilles de nature épidermique est absolument artificielle et sans
aucune valeur.*

L'*Onothera pterosperma* présente un cas très curieux : la graine est
couverte de papilles (caractère sans valeur spécifique), mais, suivant
un méridien ces papilles se dressent, s'allongent, se juxtaposent, de
façon à figurer une aile ± frangée (caractère spécifique). Une étude
superficielle, à un faible grossissement, pourrait faire croire qu'il s'agit
d'une aile membraneuse due à l'expansion et à l'amincissement des
téguments de la graine : il n'en est rien.....

A la fin de chaque groupe nous avons représenté en noir la projec-
tion de chaque graine étudiée, à une dimension uniforme. Pour
chaque graine présentant des ornements spécifiques, nous avons fait
un dessin spécial, à plus grande échelle.

. Ces dessins serviront de complément aux caractères végétatifs et
anatomiques ; mais il ne faut pas oublier qu'il est toujours sage de
n'utiliser des graines pour la spécification que lorsqu'elles sont complè-
tement développées, parvenues à leur entière maturité.

---

(1) Ch. Guffroy : « Les papilles chez les Epilobes » (*in Acad. intern. de Géog.
bot.*)

G R A I N E S (1)

**aterniformes**.
Graines toutes *lisses* (linifolia, fruticosa, Spachiana, multicaulis, rosea, tetraptera, speciosa, Shimeki.)

Nuciformes.

A. Graines *alvéolées* = O. primuloidea.

B. Graines *ruminées* = O. Johnsoni.

C. Graines *lisses*.

    α. Cellules épidermiques de la graine disposées régulièrement en lignes longitudinales, et bien plus larges que hautes. = O. Nuttalii.

    β. Cellules ne présentant pas cette disposition (cæspitosa, breviflora, triloba).

Scutiformes.

A. Graines *ruminées*.

    α. Une *aile membraneuse* ondulée-dentée-laciniée = O. Missouriensis et O. Fremontii.

    β. Pas d'aile = O. brachycarpa.

B. Graines *lisses*. (O. canescens, dissecta).

---

(1) Dans ce tableau figurent seulement celles que nous avons pu étudier.

ONOTHERA

E genre Onothera appartient à la tribu des Onotherées, qui comprend aussi les genres Zauschneria, Epilobium, Hauya, Fuchsia, Gaura, Schizocarya, Heterogaura, Gongylocarpus, Circaea, Diplandra, Lopezia, et Riesenbachia, tandis que le genre Ludwigia (inclus *Jussiæa*) compose à lui seul la tribu des Ludwigiées.

M. Parmentier a démontré jadis que le genre *Trapa* devait être reporté dans la famille des Haloragacées, dont il convient, au contraire, de retrancher le genre Gunnera devenu le type de la petite famille des Gunnéracées Lévl. et Parm.

La synonymie du genre Onothera est très complexe, ainsi qu'on l'observera ci-dessous car, quand Spach eut sectionné ce beau genre, il en résulta chez les auteurs une confusion d'autant plus grande qu'on a créé depuis d'autres genres qui doivent rentrer dans le genre unique tel que nous le concevons aujourd'hui.

Onothera. Ænothera Lamark, *errore in Lamark Encyclop.*, IV, 55o (1796). — Agassizia Spach, *non* Chav. *nec* Gray et Engelm, *in Hist. Vég. Phan.*, IV, 347 (1835). — Anogra Spach, *in Nouv. Ann. Mus*, Paris, IV, 339 (1835). — Baumannia Spach, *non* DC. *in Hist. Vég. Phan.*, IV, 351 (1835). — Blennoderma Spach, *in Nouv. Ann. Mus.*, Paris, IV, 406 (1835). — Boisduvalia Spach, *in Hist. Vég. Phan.*, IV, 383 (1835). — Calylophis Spach, *in Ann. Sc. Nat.*, sér. II, IV, 272 (1835). — Calylophus Spach, *in Hist. Vég. Phan.*, IV, 351

(1835). — Camissonia Link., *in Iahrb. Gew.*, I, 186 (1818). — Clarkia Pursh, *in Fl. Am. Sept. i. t.*, 11 (1814). — Cratericarpium Spach, *in Nouv. Ann.* Mus., Paris, IV, 327, 397 (1835). — Dictyopetalum Fisher et Meyer, *in Ind. Sem. Hort. Petrop.*, II, 45 (1835) et ex Baillon *Dictionn.*, II, 410 (1884). — Eucharidium Fisher et Meyer, *in Ind. Sem. Hort. Petrop.*, II, 36 (1835). — Eulobus Nutt. ex Torr. et Gray, *Fl. N. Am.*, I, 514 (1838-40). — Gaurella Small. — Gauropsis Presl., *Epim Bot.*, 219 (1849), Torrey et Frémont. — Gayophytum Adrien de Jussieu, *in Ann. Sc. Nat.*, XXV, t. 4, 18 (1832). — Godetia Spach, *in Hist. Vég. Phan*, IV, 386 (1835). — Guaropsis Presl., *Epim. Bot.*, 219 (1849). — Hartmannia Spach, *non DC. in Hist. Vég. Phan.*, IV, 370 (1835). — Holostigma Spach, *non G. Don. in Nouv. Ann. Mus.*, Paris, IV, 322 (1835). — Holostigmateia Reichenbach, *Nom.*, 102 (1841). — Kneiffia Spach, *in Hist. Vég. Phan.*, IV, 73 (1835). — Lavauxia Spach, *in Hist. Vég. Phan.*, IV. 366 (1835). — Megapterium Spach, *in Hist. Vég. Phan.*, IV, 363 (1835). — Meriolix Rafin, *in Am. monthly Magaz.*, 192 (1819). — Œnothera L., *in Syst.*, ed., I (1735). — Œnotherium Ser. mss., *in DC. Prodr.*, V, III, 1828). — Onagra Ser. mss., *in DC. Prodr.*, V, III, Tournefort ; Adanson, *in Fam.*, II, 85 (1763). — Opsianthes Lilja, *in Fl. Sverig. Suppl.*, 25 (1840). — Pachylophus Spach, *in Hist. Vég. Phan.*, IV, 365 (1835). — Phaeostoma Spach, *in Hist. Vég. Phan.*, IV, 392 (1835). — Salpingia Gray. — Sphaerostigma Ser. mss., *in D C. Prodromus.*, V, III (1828). — Xylopleurum Spach., *in Hist. Vég. Phan.*, IV, 378 (1835).

DIAGNOSE DU GENRE

Tube du calice généralement 4-gone ; calice à 4 lobes ; pétales 4 ; étamines 4 (ancien genre *Eucharidium*) ou 8 ; ovaire à 2 (ancien genre *Gayophytum*) ou 4 loges ; capsule s'ouvrant par 4 valves ; feuilles alternes. Fleurs à peu près régulières et *d'aspect semblable malgré les différences de taille et de couleur.*

Les GRANDES DIVISIONS du GENRE ONOTHERA

N nous basant sur la morphologie du fruit, nous divisons le genre Onothera en sections ou groupes facilement reconnaissables que nous établissons comme il suit :

I. — SCUTIFORMES

Fruits ayant, au moins sur le sec, par suite du développement de ses ailes, l'apparence d'un bouclier. Type : *O. Missouriensis* Sims. Stigmate 4-fide.

II. — NUCIFORMES

Fruits ayant l'apparence et la consistance d'une noix, généralement radicaux. Type : *O. caespitosa* Nutt. Stigmate 4-fide ou indivis.

III. — LATERNIFORMES

Fruits claviformes affectant la forme de lanternes. Type *O. fruticosa* L. Stigmate 4-fide.

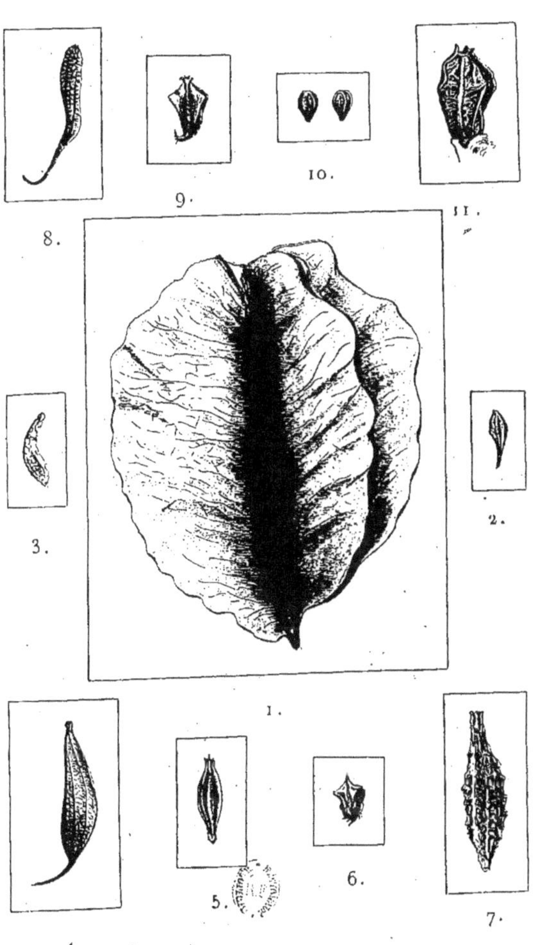

1. O. Missouriensis.
2. O. rosea.
3. O. breviflora.
4. O. primuloidea.
5. O. speciosa.
6. O. graciliflora.
7. O. caespitosa.
8. O. Nuttalii.
9. O. dissecta.
10. O. canescens.
11. O. taraxacifolia.

Fruits d'Onothera (Dessins de M. AL. ACLOQUE).

IV. — SILIQUIFORMES

Fruits allongés comprimés, présentant l'aspect d'une silique. Type
O. brevipes A. Gr. Stigmate indivis.

V. PRISMATIFORMES

Fruits allongés prismatiques ou subcylindriques. Stigmate quadrifide ou indivis. Le groupe se subdivise en :
    1° Torulosæ. Type : *O. torulosa.*
    2° Tortiles. Type : *O. cheiranthifolia.*
    3° Godetiæ. Type : *O. pulcherrima.*
    4° Boisduvaliæ. Type : *O. densiflora.*
    5° Onagræ Type : *O. communis* (*O. biennis* L.).

CLEF

ESPÈCES DU GROUPE DES SCUTIFORMES

1.	Feuilles pinnatiséquées à segments linéaires	O. DISSECTA.
	Feuilles non pinnatiséquées............	2.
2.	Fleurs petites........................	3.
	Fleurs larges et grandes..............	4.
3.	Capsules en clocheton................	O. CANESCENS.
	Capsules en bourse ; feuilles en rosettes ; fleurs jaunes......................	O. BARBEYANA.
4.	Capsule à larges ailes, presque aussi large que longue......................	O. MISSOURIENSIS.
	Capsule allongée, peu ailée............	5.
5.	Feuilles ovales ou lancéolées..........	O. BRACHYCARPA.
	Feuilles linéaires, graminiformes........	O. GRAMINIFOLIA.

Phot. Bellotti.

Cliché de MM. Triconnet et l'abbé Corbin.

ONOTHERA CANESCENS Torrey.

SCUTIFORMES

---

1. — **ONOTHERA CANESCENS** Torrey

YNONYMIE : *Œ. guttulata* Geyer ex Hook, — *Gaurella guttulata* Small, *in Bull. Torr. Bot. Club* 23 : 183, 1896. — *Gauropsis guttulata, G. canescens* Cockerell in *Botanical Gazette*, XXX, 351, n° 5, 1900. Megapterium canescens (Torr. et Gr.) Britton.

DIAGNOSE

Racine simple fibreuse.

Tige sous-frutescente, peu élevée, plus ou moins flexueuse, jaune-grisâtre, pubescente-hérissée, obscurément tétragone, simple ou rameuse, très-feuillée.

Feuilles petites, ovales ou linéaires-lancéolées, pubescentes hérissées, sessiles, (les inférieures atténuées en court pétiole), serrulées ou subentières à dents espacées.

Fleurs rouges au moins sur le sec, calice velu à tube médiocre et à lobes plus ou moins adhérents déjetés sur le côté après la fleuraison ; pétales obovales, entiers ou légèrement échancrés au sommet, à veines saillantes, contractés en onglet à la base ; étamines glabres, incluses ; style égalant ou dépassant les pétales ; stigmate digité-quadrifide à divisions profondes et linéaires.

Capsule pubéscente, grisâtre, sessile, en forme de clocheton mauresque ou de bonnet carré, à 4 ailes saillantes en bourrelet, convexe sur chaque face entre les ailes, chacune des faces creusées d'un léger sillon.

Graine : d'un jaune brun, *subpyramidale*, oblongue, lisse.

Fleurit de mai à août dans les ravins des buffles et dans les fossés des plaines.

DISTRIBUTION GÉOGRAPHIQUE

S. W. Kansas ; Hamilton Co. Syracuse, only in buffalo-wallows, common, 25 juillet 1893, n° 143. (C. H. Thompson). — Lower south Platte, juillet 1858 (Henry Engelmann). — Kansas : St John Co., 9 juillet 1885 (W. A. Kellermann). — Kansas : Finney Co. buffalo-wallows 18 août 1895 ; n° 162 (A. S. Hitchcock). — S. W.

Œnothera canescens.
Aux États-Unis.

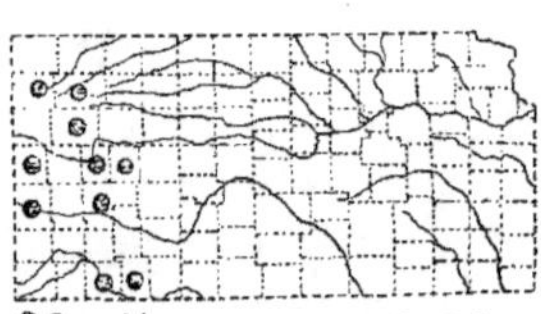

Œnothera canescens.
Dans le Kansas.

Kansas (B. B. Smyth). — New Mexico . 1847 ; n° 256 (A. Fendler). — Fremont's 3 expedit. 25 juillet 1842 ; n° 192. — New Mexico : upper Canadian river, mai 1848 (A. Gordon). — New Mexico, rockcreek, 19 juin 1846 ; n° 489 (Dr A. Wislizenus). — On Purgatory river, août 1868 (Dr W. A. Bell).

En résumé cette espèce est confinée dans le Kansas et s'étend vers le New Mexico, le Colorado, le Wyoming et le Nebraska.

ONOTHERA GRAMINIFOLIA Lévl.

ONOTHERA DISSECTA A. Gray.

2. — **ONOTHERA DISSECTA** Gray

Synonymie : *Megapterium dissectum.*

DIAGNOSE

Racine fibreuse.

Tige sousfrutescente grisâtre cendrée-pubescente, couchée ou ascendante-redressée, très rameuse, obscurément tétragone pourvue de lignes saillantes provenant de la décurrence des feuilles, parfois glanduleuse au sommet.

Feuilles coronopiformes, disséquées pinnatifides, sessiles ; à segments linéaires inégaux, entiers ou irrégulièrement dentés ; à poils espacés.

Fleurs grandes ou assez grandes ou médiocres, jaunes, passant au rouge-vineux, ovales dans le bouton, médiocrement pédonculées ; à pétales entiers ou légèrement érodés ; calice à tube épais, égalant environ en longueur la longueur de la corolle ; stigmate quadrifide.

Capsule tétragone-ailée, ovale, courte, non échancrée au sommet, sessile, pubescente, striée.

Graine marron, en forme de melon irrégulier, creusée de cavités, Plante des lieux sablonneux.

DISTRIBUTION GÉOGRAPHIQUE

Central Mexican region chiefly of San Luis Potosi; 22° lat. north ; alt. 6000-8000 feet, 1878 ; n° 249 (C. C. Parry, Ed. Palmer). — San Luis Potosi, in arenosis, 1879 ; n° 446. (E. Schaffner).

Cette rare espèce est absolument confinée dans le Mexique central, aux alentours de San Luis Potosi. C'est une des plus étroitement localisées des espèces d'Onothera.

3. — **ONOTHERA MISSOURIENSIS** Sims.

Synonymie : *Œ. alata* Nutt. — *Œ. Drummondii* Journ Botan. — *Œ. macrocarpa* Pursh. — *Megapterium Missouriense* Spach. — *Œ. Fremontii* Wats. — *Œ. Wrigthii* Torr: — *Œ. Oklahomensis* Auct.

DIAGNOSE

Racine fibreuse, simple ou rameuse, parfois spongieuse comme la tige du roseau.

Tige herbacée, de 1-5 décimètres, parfois rougeâtre, parfois nulle ou presque nulle, glabrescente ou le plus souvent pubescente blanchâtre, couchée ou redressée, rarement droite.

Feuilles ovales ou lancéolées ou linéaires, glabres ou pubescentes-blanchâtres ou même tomenteuses, entières ou sinuées à dents espacées peu apparentes, longuement pétiolées, à pétiole ordinairement ailé.

Fleurs jaunes, grandes ou très grandes ; calice pubescent-grisâtre à tube au moins double de la longueur de la corolle, à lobes grands, plus ou moins adhérents, déjetés sur le côté ; pétales larges veinés d'orangé, échancrés, à nervure centrale pourpre ou orangée terminée par une sorte de mucron ; étamines glabres, incluses ; stigmate souvent exsert, quadrifide, velu, à segments linéaires.

Ovaire scarieux, papyracé blanchâtre, à duvet ras, velouté.

Capsule ailée membraneuse, scutiforme sur le sec, orbiculaire, échancrée au sommet, parcheminée-ligneuse, à 4 ailes égales très développées, creusée d'un sillon sur chaque face, stipitée, parfois rougeâtre-purpurine sur les ailes, pubescente ou tomenteuse, généralement glabre à maturité.

Graine d'aspect ligneux, crevassée-rugueuse, pointue à une extrémité, bordée comme une seiche à l'extrémité opposée, convexe sur le dos qui déborde l'autre face moins convexe ou subplane.

Phot. Bellotti, St-Étienne.
Cliché de MM. l'abbé Corbin et Triconnet.

ONOTHERA MISSOURIENSIS Sims.

Fleurit d'avril à septembre. Croît surtout sur les collines cal-
caires.

DISTRIBUTION GÉOGRAPHIQUE

Mexico : Valley of Rio Grande below Donana. (*W. H. Emory*, *C.
C. Parry*, *J. M. Bigelow*, *Ch. Wright*, *A. Schott*). — Indian
Territory : Albia, common, 24 mai 1895, n° 1287 (*B. F. Bush*). —
Texas, 1846-48, n° 391 (*F. Lindheimer*). — Missouri : Barry Co., Eagle
rock, common in barrens, 23 sept. 1896 et 9 juin 1897, n°s 31 et 130
(*B. F. Bush*). — Missouri : Greene Co. 19 mai 1881 (*J. W. Blan-
kinship*). — Kansas : Osborne Co, within a radius of five miles of

Œnothera Missouriensis.
Aux États-Unis

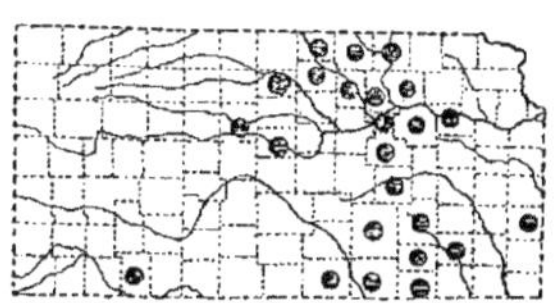

Œnothera Missouriensis.
Dans le Kansas

Osborne City, gravelly hills, 15 mai 1894, n° 29 (*C. L. Shear*). —
South Texas : Kerrville Co., at Kerrville, 1600-2000 feet, 19-25
avril et 12-19 juin 1894, n° 1629 (*A. Arthur Heller*). Missouri et
Territoire indien, lieux arides et pierreux près de la montagne, juillet
1848 (*Trécul*). — Collines arides aux environs de Hillsbow, juin 1846
(*Ns. Riehl*). — Missouri : Jefferson Co., Range Missouri to Texas,
20 mai 1887 (*H. Eggert*). — Mineral region of the Messimar river S.
W. of St-Louis, juin 1845 (*Dr H. King*). — Cambridge Garden,
juillet 1883 (*Trelease*). — Missouri : Wright Co. 25 juin 1888 (*B.
F. Bush*). — Missouri : Jefferson Co., rocky hills, 7 juin 1887, 6 juillet

1886 (*H. Eggert.*) — Kansas river, mai 1845 (*Halsted*). — Texas,
Guadeloupe on Cibolo, avril 1846, n° 41 (*F. Lindheimer*). — Texas,
rocky soil on the declivities of hills on the Pedernales, juin 1847,
n° 391 (*F. Lindheimer*). — Big Blue River, Fl. 15 juin, Fr. 13 juillet
at the foot of gravelly hills, n° 43 (*A. Fendler*). — New Mexico :
south east of Independance on stony hills, Switzler Creek, 27 mai
1846, n° 395 (*Dr A. Wislizenus*). — Kansas : Manhattan, 28 juillet
1893 (*J. B. S. Norton*). — Texas : Gillespie Co. Pedernales (*G. Jermy*),
— Kansas : Kowley Co., avril 1898 (*Marc White*). — Kansas : Russell
Co, stony hills, 13 juillet 1895, n° 165, (*A. S. Hitchcock*). — Texas,
Dallas calcareous bluffs, juin n° 905 (*J. Reverchon*). — Rocky Mts, 40°
lat., 1868, n° 2322 (*E. Stace*). — Kansas : Riley Co. 1896, n° 163
a (*J. B. Norton*). — Kansas Riley Co., stony hills, 16 mai 1895, n°
164 (*J. B. Norton*). — Kansas : Riley Co., Manhattan, 1892 (*G. L.
Clothier*) et 3 mai 1893 (*J. B. Dorman*). — Dry hills near Hillsbon
(*Riehl*). — Rocky Mountain Flora 39°-41 lat., 1862, n° 174 (*E. Hall,
J. P. Harbour*). — Deux localités illisibles avec les dates de mai 1835
et mai 1837 et les n°s 97 et 676 ? se rapportent aussi au type de cette
espèce appelée vulgairement *Missouri primrose.*

F. *intermedia* Lévl. — Feuilles lancéolées ou lancéolées-linéaires.
Texas : Dallas, dry banks, 25 juin 1872 (*Elihu Hall*).

Race : Fremontii Watson

Tige peu elevée, souvent multiple; feuilles étroites, linéaires, ou
linéaires-lancéolées. Fleurs plus petites que dans le type ; fruit
moins large, ovale, à ailes moins développées, *plus long que large.*
Plante blanchâtre à tomentum ras.

DISTRIBUTION GÉOGRAPHIQUE

Fremont's third expedition 1848, n° 108. — Kansas : White rock
on Smoky hill, all together outside of original wrapper, label be-

ONOTHERA MISSOURIENSIS Sims.

f. *intermedia*.

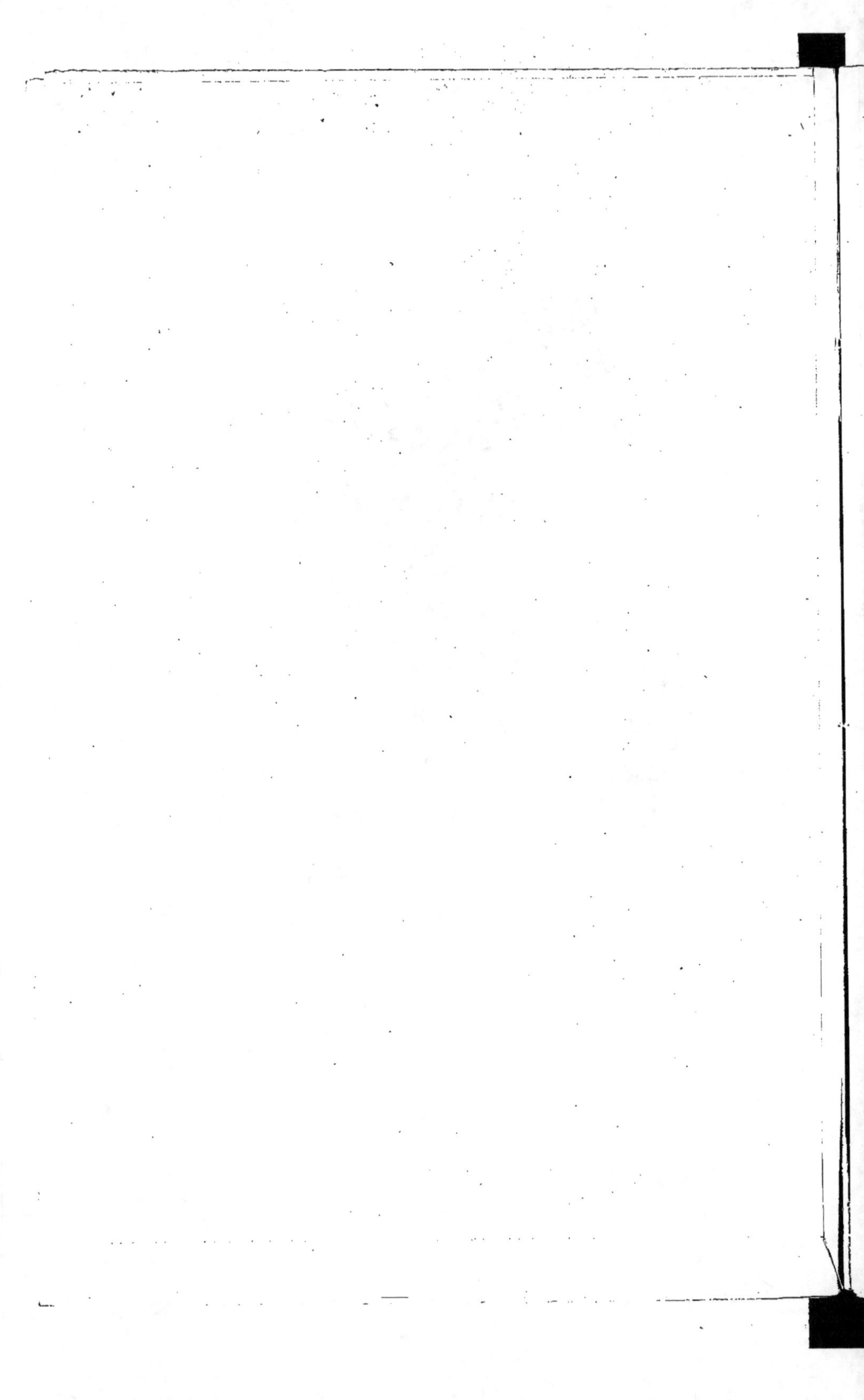

tween yellow-flowered, juin 1867, n° 69 (*C. C. Parry*). Mêlé à O.
coronopifolia Torr. et Gr. — Kansas Roock Co., Chalky Cliffs, juin
1867 (*C. C. Parry*) et 15 juillet 1885 et 1887 (*W. A. Kellermann*).

Aux États-Unis

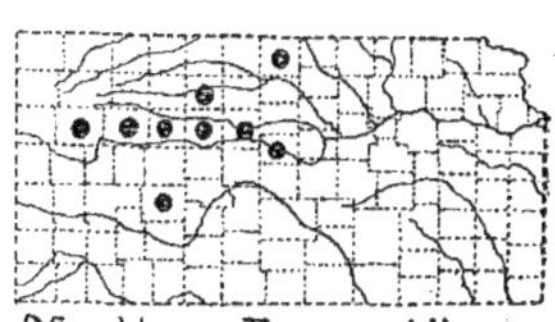

Dans le Kansas

— Kansas : Barber. Co., Medicine Lodge, 15 juillet 1888 (*W. A.
Kellermann*). — Kansas, Barber Co, Gypsum Hills ; Russell Co.
stony hills (*A. S. Hitchcock*).

RACE : **Nortoni** Lévl.

(*O. Oklahomensis*)

Feuilles lâchement *mais nettement dentées*. Aucun autre caractère
ne saurait séparer cette variété de l'*O. Missouriensis* que l'on trouve

Aux États-Unis

Dans le Kansas

aussi bien glabre que pubescent ; les fleurs et les fruits plus petits
sont précisément ceux de l'*O. Fremontii* qui, lui aussi, a les fruits plus

3

élancés au sommet (ils sont obtus mais non échancrés). On trouve par ailleurs, des échantillons d'*O. Missouriensis* qui ont une nervure marginale (*f. angustifolia*).

En résumé, l'*O. Missouriensis* habite le Kansas, le Texas, le Missouri, le New Mexico, le Territoire indien et se retrouve au Mexique.

La race *Fremontii* n'est connue jusqu'ici qu'au Kansas et au Mexique.

Quant à la race *Nortoni* (*O. Oklahomensis*) c'est une forme particulière aux collines de gypse du Kansas et du territoire indien.

4. — **ONOTHERA BRACHYCARPA** Gray.

SYNONYMIE : Megapterium brachycarpum. — A. Howardi Jones.

DIAGNOSE

Racine épaisse, noirâtre, tortueuse, subligneuse, très allongée.
Tige ordinairement nulle.

Feuilles radicales en rosette, lancéolées, lancéolées-ovales ou ovales-oblongues, parsemées de poils rares, parfois pubescentes-tomenteuses, entières ou dentées, ou sinuées-dentées ou irrégulièrement lobées, rarement sinuées-pinnatifides, longuement atténuées en pétiole ordinairement ailé, ou brusquement contractées en un long pétiole, ou nettement pétiolées ; aiguës ou obtuses, à nervures (au moins la médiane) saillantes.

Fleurs jaunes, très grandes ou grandes, passant au rose ; calice pubescent, à tube au moins double en longueur de celle de la corolle ; à lobes liserés de rose vineux, plus ou moins adhérents, déjetés d'un côté ; glauque quant au reste ; pétales entiers ou émarginés ; stigmate quadrifide, inclus ou exsert.

Capsule lancéolée-ailée, à ailes moins développées que dans l'*O. Missouriensis* ; non échancrée mais carrément tronquée au sommet, glabrescente ou pubescente, stipitée.

Graine d'un jaune brun, en forme de térébratule, comme habillée d'un pagne.

Chez cette espèce, le tube du calice mesure parfois 4 fois la longueur de la fleur et 8 fois celle de la capsule.

Fleurit d'avril à juillet. Croît dans les lieux argileux et pierreux des montagnes.

DISTRIBUTION GÉOGRAPHIQUE

New Mexico ; upper Canadian river, avril 1848 (*A. Gordon*). Mêlé
à O. Missouriensis var. Fremontii, sub n. O. Missouriensis. — Kansas, sub n. O. Missouriensis. (*C. C. Parry*), n° 94. — Utah : Dug-
way, juin 1891, sub n. O. Howardi (*Marcus E. Jones*). — Utah :
Emma's Park, in gravel, 7000 feet, 6 juillet 1894 ; n° 5604 (*Marcus
E. Jones*), sub n. O. Howardi. — Utah : Vermilion, in clay, 5300
feet, 16 juillet 1894 ; n° 5631. (*Marcus E. Jones*) sub n. O. Howardi.

Aux États-Unis

Dans le Kansas

— Arizona : Santa Rita Mts., 17 mai 1884 ; n° 15864 (*C. G. Pringle*).
— Colorado : Morrison, juin 1891 (*A. Eastwood*). — Texas (Papee)
sub n. O. Missouriensis. — Colorado : plains near foot hills, 5300
feet, 12 juin 1896 (*T. S. Crandall*). — North Colorado ; Fort Col-
lins, 5000 feet, 24 mai 1896 (*Carl. F. Baker*), sub n. O. Howardi.
— Colorado : hills near La Porte, 7 juin et 9 juillet 1898 (*T. S. Crandall*). — Kansas ; Coolidge, 4 juillet 1892 (*A. S. Hitchcock*).

Var **Wrightii** Gray in Wright.

Feuilles ovales, élargies, aiguës, *très longuement pétiolées*, pubescentes grisâtres, entières ou sinuées-roncinées, rappelant celles d'O.
caespitosa ; fleurs grandes, à tube du calice atteignant jusqu'à dix
centimètres.

Nous n'aurions pas distingué du type, sans la considération des caractères anatomiques, cette variété qui constitue une transition entre l'*O. brachycarpa* et l'*O. Missouriensis*.

D. G. — New Mexico : El Paso, stony hills (*C. Wright*) sub n. O. brachycarpae var. vernalis Wright. — New Mexico : near Silver City, 2 juin 1880 ; n° 12452 (*Edw. Lee Greene*). — New Mexico : El Paso, mai 1881 ; n° 157 (*G. R. Vasey*). — Mexico : Valley of Rio Grande below Donana, n° 363-364 (*W. H. Emory, C. C. Parry, J. M. Bigelow, Ch. Wright, A. Schott*). — New Mexico, 1852 ; n° 1374. (*A. Gray*).

En résumé l'*O. brachycarpa* est répandu dans les états de New Mexico, Kansas, Utah, Arizona, Colorado, Texas. Nous ne l'avons pas vu du Névada et du Montana où l'indique M. Hitchcock dans la carte ci-contre.

La variété *Wrightii* est une forme locale du New Mexico et du Mexique.

5. — **ONOTHERA GRAMINIFOLIA** Lévl.

SYNONYMIE : *O brachycarpa* Gray var. *stenophylla.*

DIAGNOSE

Racine pivotante, subligneuse.

Tige tortueuse, ordinairement rameuse.

Feuilles linéaires, allongées, graminiformes, entières ou subentières, glabrescentes.

Fleurs grandes, jaunes, passant au rose vineux ; calice à tube très long, à lobes déjetés sur le côté, stigmate quadrifide.

Capsule lancéolée-ailée, papyracée.

Sans l'étude anatomique et malgré l'étroitesse de ses feuilles, nous aurions réuni cette forme à l'*O. brachycarpa* nous fondant sur la variabilité énorme des dimensions des feuilles chez les *Onothera* et sur une forme analogue observée chez l'*O. caespitosa;* mais les caractères anatomiques nous paraissent mériter la distinction spécifique de cet *Onothera*.

Fleurit de février à octobre. Lieux montueux et rocailleux.

DISTRIBUTION GÉOGRAPHIQUE

Mexico : Saltillo, Coahuila, 1-8 juillet 1880, n° 14322 (Edw. Palmer). — Texas et New Mexico (Wright) fide Trelease. — Mexico States of Coahuila and Nuevo Leon, février-octobre 1880 (Dʳ Edw. Palmer).

L'*O. graminifolia* croît au Mexique et s'étend au nord dans les états du Texas et de New Mexico.

Phot. Bellotti, Saint-Étienne.

Cliché de MM. abbé Corbin et Triconnet.

Onothera Barbeyana Lévl. *sp. nov.*

Onothera Kuntziana Lévl. *sp. nov.*

(*O. Mandoni* Lévl., *O. Punae* Kuntze)

6. — **ONOTHERA BARBEYANA** Lévl.

DIAGNOSE

Racine épaisse, subligneuse.

Tiges assez nombreuses, couchées, ne dépassant pas 1 décimètre, comme muriquées, peu velues.

Feuilles ovales, obtuses, ou élargies en leur milieu, pépliformes, en rosettes à l'extrémité des rameaux stériles, glabres, pétiolées (au moins les radicales), très rarement linéaires.

Fleurs assez petites, d'un jaune vif, paraissant ne pas passer à une autre couleur par la dessiccation.

Capsule courte, anguleuse, 4-ailée, velue, tronquée, rougeâtre, axillaire.

Chez les échantillons que nous avons vus, les feuilles semblent attaquées par une urédinée à leur face inférieure.

Rochers humides et marécages.

DISTRIBUTION GÉOGRAPHIQUE

Bolivie : Songo, novembre 1890, n° 914 (*Miguel Bang.*). Distribuée de l'herbier du collège de Colombie, par MM. N. L. Britton et H. Rusby. — Bolivie, rochers et mares près la ville de Potosi ; n° 1497 (*d'Orbigny*) ;

Cette plante, localisée en Bolivie, à Songo et Potosi, serait à rechercher dans cette région où on la rencontrera dans d'autres localités. Dans une localité voisine, Puna, croît une autre espèce de petite taille, également rabougrie, que nous nommions *O. Mandoni* et qu'au même moment M. le Dr Otto Kuntze appelait *O. Punæ*. Nous lui donnons le nom d'*O. Kuntziana*. Nous la décrirons ultérieurement quand nous traiterons du groupe auquel elle se rattache.

GROUPE DES SCUTIFORMES

I. — DESCRIPTION DES TYPES

O. canescens

EUILLE épaisse de 260 μ.

Mésophylle centrique.

Faisceau ligneux large de 158 μ, épais de 60 μ (R. = 2,63).

Poils uniformes, finement verruqueux, aigus, longs de 380-430 μ, larges de 20-22 μ, à paroi épaisse de 3-4 μ.

O. Missouriensis

Feuille épaisse de 275 μ.

Mésophylle centrique.

Faisceau ligneux large de 368 μ, épais de 200 μ (R = 1,84).

Poils de même nature, finement rugueux, aigus, mais de deux formes :

Les uns dressés, longs de 80-520 μ, larges de 15-22 μ, à paroi épaisse de 2,5-5 μ.

Les autres appliqués, longs de 125-130 μ, larges de 12-16 μ, à paroi épaisse de 2-2,5 μ.

O. Fremontii

FEUILLE épaisse de 330 μ.
FAISCEAU LIGNEUX large de 305 μ, épais de 87 μ (R = 3,50).
Le reste comme O. Missouriensis.

O. dissecta

FEUILLE épaisse de 305 μ.
MÉSOPHYLLE centrique.
FAISCEAU LIGNEUX large de 158 μ, épais de 60 μ (R = 2,63).
POILS de même nature, finement verruqueux, aigus ou subaigus,
    mais de deux formes :
Les uns dressés, longs de 140-170 μ, larges de 14-20 μ, à paroi
    épaisse de 2-3 μ;
Les autres appliqués ou arqués-appliqués, longs de 100-165 μ, larges
    de 15-20 μ, à paroi épaisse de 2-3 μ.

O. graminifolia

FEUILLE épaisse de 420 μ.
MÉSOPHYLLE centrique.
FAISCEAU LIGNEUX large de 357 μ, épais de 100 μ (R = 3,57).
POILS de même nature, finement verruqueux, aigus ou subaigus,
    mais de deux formes :
Les uns dressés, longs de 75-80 μ, larges de 8-20 μ, à paroi épaisse
    de 2-4 μ.
Les autres appliqués ou arqués-appliqués, longs de 80-190 μ, larges
    de 10-25 μ, à paroi épaisse de 2-3 μ.

O. Wrightii

FEUILLE épaisse de 275 μ.
MÉSOPHYLLE centrique.

FAISCEAU LIGNEUX large de 526 μ, épais de 89 μ (R = 5,91).

POILS de deux natures :

Les uns lisses, à paroi mince, claviformes, longs de 50-95 μ, larges de 15-17 μ;

Les autres finement verruqueux, aigus, à paroi ± épaissie. Ils sont, ou bien dressés, longs de 140-340 μ, larges de 11-23 μ, à paroi épaisse de 3-6 μ; ou bien appliqués, arqués-appliqués, arqués ou courbés à angle droit, longs de 75-220 μ, larges de 10-20 μ, à paroi épaisse de 2-4 μ.

O. brachycarpa

FEUILLE épaisse de 425 μ.

MÉSOPHYLLE centrique.

FAISCEAU LIGNEUX large de 436 μ, épais de 68 μ (R = 6,41).

POILS semblables aux précédents, mais les claviformes beaucoup plus longs : 135-175 μ, larges de 15 μ, poils verruqueux dressés à partir de 60 μ.

II. — DESCRIPTION RÉSUMÉE DES SECTIONS

Homotrichæ

FEUILLE épaisse de 260-420 μ.

MÉSOPHYLLE centrique.

FAISCEAU LIGNEUX large de 158-368 μ, épais de 60-200 μ (R = 1,84 à 3,57.

POILS finement verruqueux, aigus ou subaigus, tous dressés (O. canescens) ou les uns dressés et les autres appliqués ou arqués-appliqués (autres espèces), longs de 75-520 μ, larges de 8-25 μ, à paroi épaisse de 2-5 μ.

Heterotrichæ

FEUILLE épaisse de 275-425 μ.

MÉSOPHYLLE centrique.

FAISCEAU LIGNEUX large de 4?6-526 μ, épais de 68-89 μ, (R = 5,91 à 6,41).

POILS de deux sortes :

Des lisses, claviformes, à paroi mince, longs de 50-175 μ, larges de 15-17 μ;

Des verruqueux, aigus ou subaigus, dressés et appliqués ou arqués, longs de 60-340 μ, larges de 10-23 μ, à paroi épaisse de 2-6 μ.

III. — CONSPECTUS DES ESPÈCES

I. POILS tous de même nature, finement verruqueux.

    A. Poils d'une seule sorte, dressés, longs de 380-430 μ; faisceau ligneux petit (158 × 60 μ : R = 2,63) = *O. canescens*.

    B. Poils de deux sortes, les uns dressés, les autres appliqués ou arqués-appliqués.

        α. Faisceau ligneux petit (158 × 60 μ; R = 2,63); poils dressés longs (140-170 μ) = *O. dissecta*.

        β. Faisceau ligneux large (305-368 μ).

            ⊙. Poils dressés de longueur moyenne (75-80 μ); faisceau ligneux d'épaisseur moyenne (100 μ; R = 3,57) — *O. graminifolia*.

            ⊙. Poils dressés très longs (80-520 μ).

                Δ. Faisceau ligneux d'épaisseur moyenne (87 μ; R = 3,50) = *O. Fremontii*.

                Δ. Faisceau ligneux très épais (200 μ; R = 1.84) = *O. Missouriensis*.

II. Poils de deux natures : les uns lisses, claviformes, à paroi mince ; les autres finement verruqueux, aigus ou subaigus, à paroi épaissie.

 A. Poils claviformes de longueur moyenne (50-95 μ) ; feuille d'épaisseur moyenne (275 μ) = *O. Wrightii.*

 B. Poils claviformes longs (135-175 μ) ; feuille épaisse (425 μ) = *O. brachycarpa.*

IV. — GROUPEMENT EN SECTION

1ʳᵉ Section (Homotrichæ).

 1ʳᵉ Sous-section : *canescens.*

 2ᵉ Sous-section : *dissecta, graminifolia, Fremontii, Missouriensis.*

2ᵉ Section (Heterotrichæ) : *Wrightii, brachycarpa.*

V. — CLASSIFICATION

Spec. 1. *O. canescens.*

 2. *O. dissecta.*

 3. *O. graminifolia.*

 4. *O. Missouriensis.*

  β. Fremontii.

 5. *O. brachycarpa.*

  β. Whrigtii

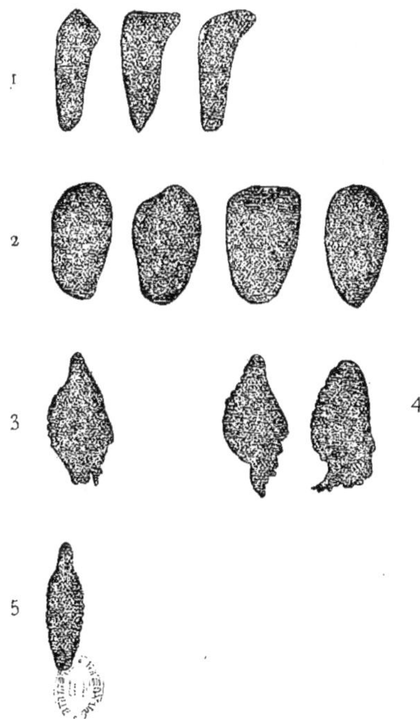

Graine : 1, canescens ; 2, dissecta ; 3, Missouriensis ; 4, Fremontii ; 5, brachycarpa.

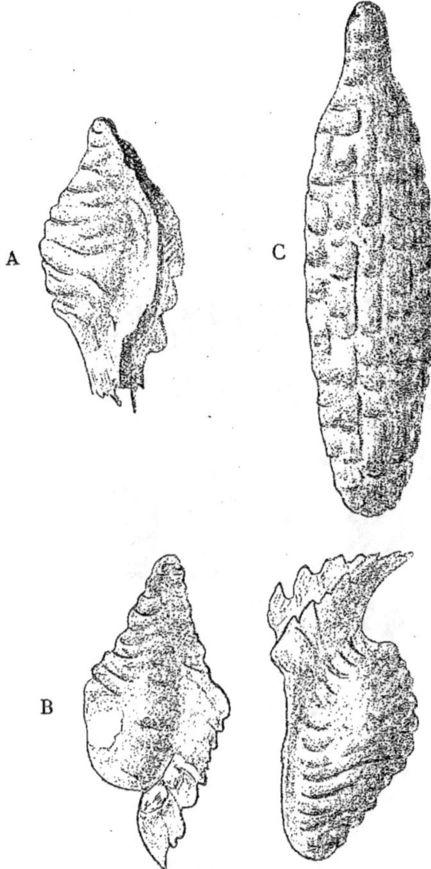

GRAINE : A, O. Missouriensis (grossie environ 13 fois). — B, O. Fremontii (grossie environ 26 fois). — C, O. brachycarpa (grossie environ 16 fois).

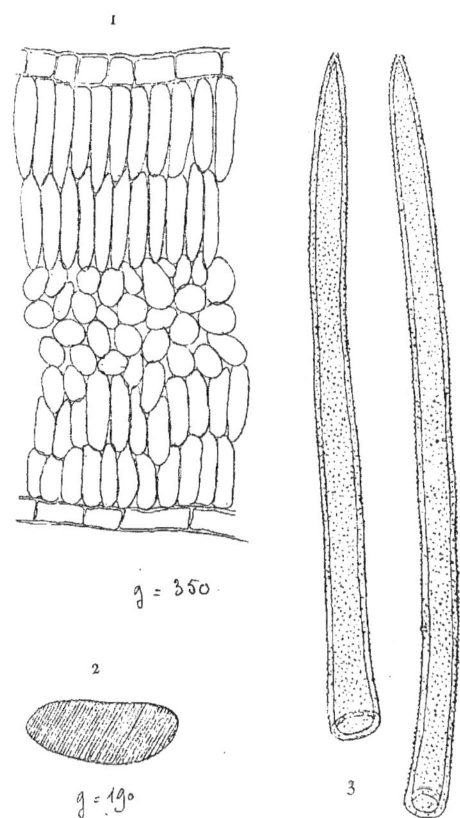

DESSINS ANATOMIQUES D'O. CANESCENS

1, Coupe transversale de la feuille (grossissement g = 350). — 2, Coupe transversale du faisceau ligneux (g = 190). — 3, Poils verruqueux, dressés (g = 350).

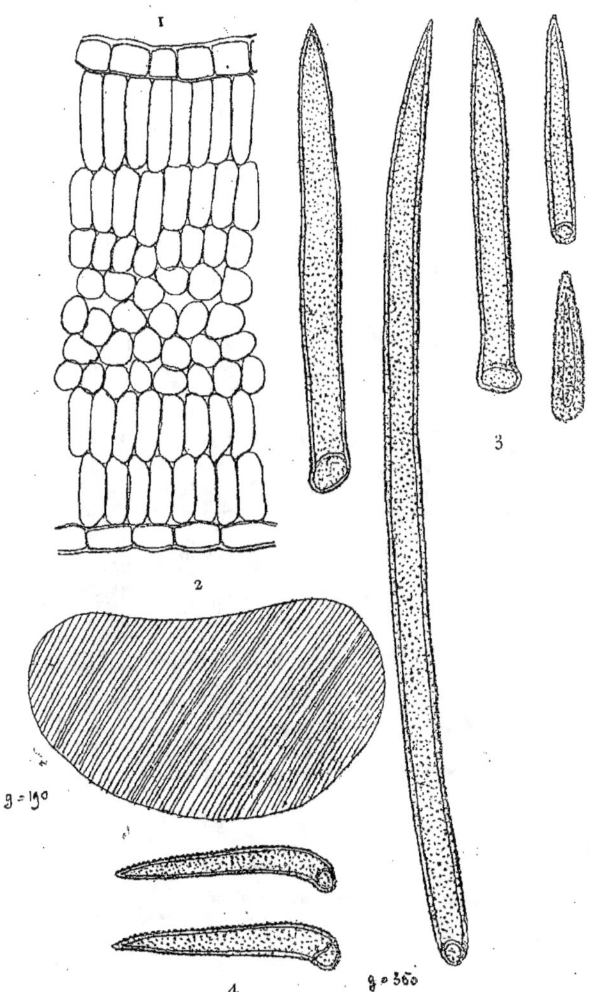

Dessins anatomiques d'O. Missouriensis

1, Coupe transversale de la feuille (grossissement : g = 350). — 2, Coupe transversale du faisceau ligneux (g = 190). — 3, Poils verruqueux dressés (g = 350). — 4, Poils verruqueux appliqués (g = 350).

I

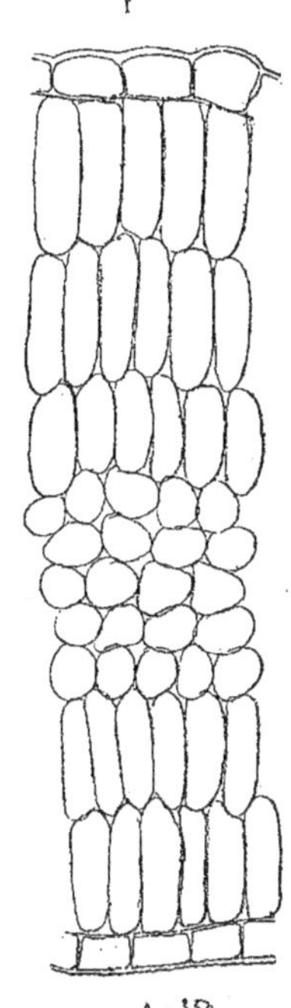

2

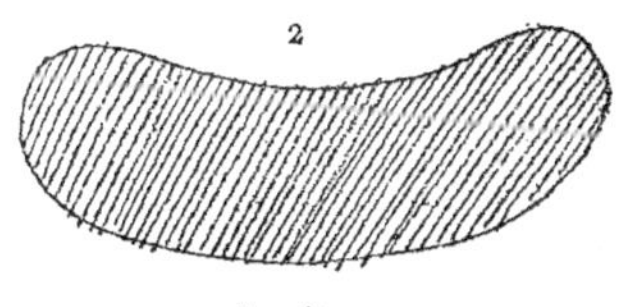

DESSINS ANATOMIQUES D'O. FREMONTII

1, Coupe transversale de la feuille (grossissement : g = 350). — 2, Coupe transversale
du faisceau ligneux (g = 190).
Nota : Le reste des caractères semblable à O. Missouriensis.

4

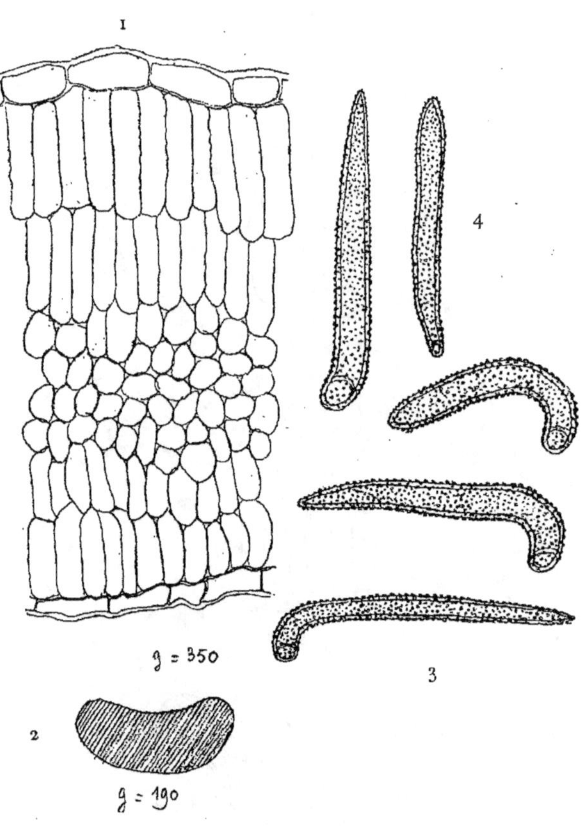

DESSINS ANATOMIQUES D'O. DISSECTA

1, Coupe transversale de la feuille (grossissement : g = 350). — 2, Coupe transversale du faisceau ligneux (g = 190). — 3, Poils verruqueux dressés (g = 350). — 4, Poils verruqueux appliqués ou arqués-appliqués (g = 350).

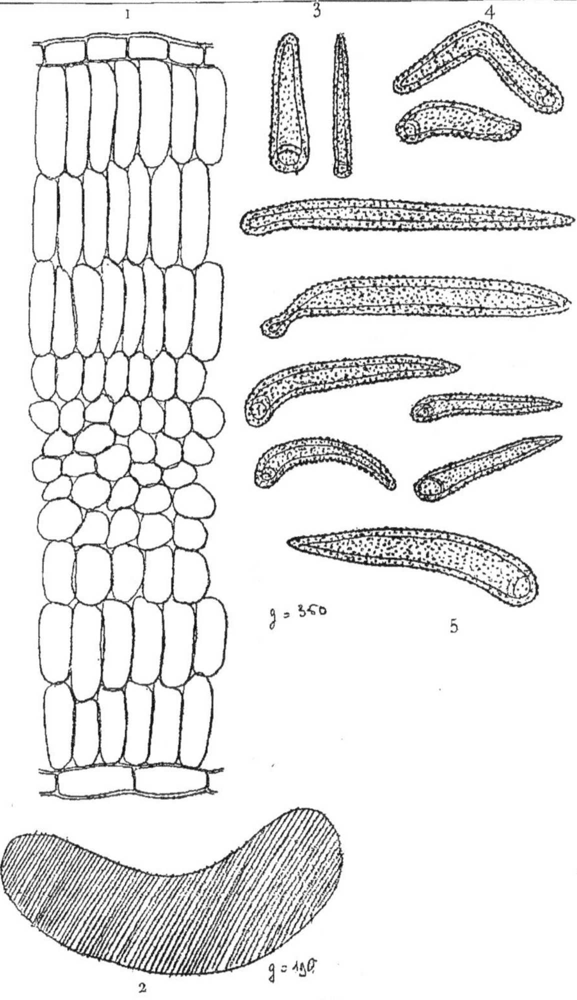

DESSINS ANATOMIQUES D'O. GRANINIFOLIA

1, Coupe transversale de la feuille (grossissement : g = 35o). — 2, Coupe transversale
du faisceau ligneux (g = 19o). — 3, Poils verruqueux dressés (g = 35o). — 4, 5, Poils
verruqueux appliqués ou arqués-appliqués (g = 35o).

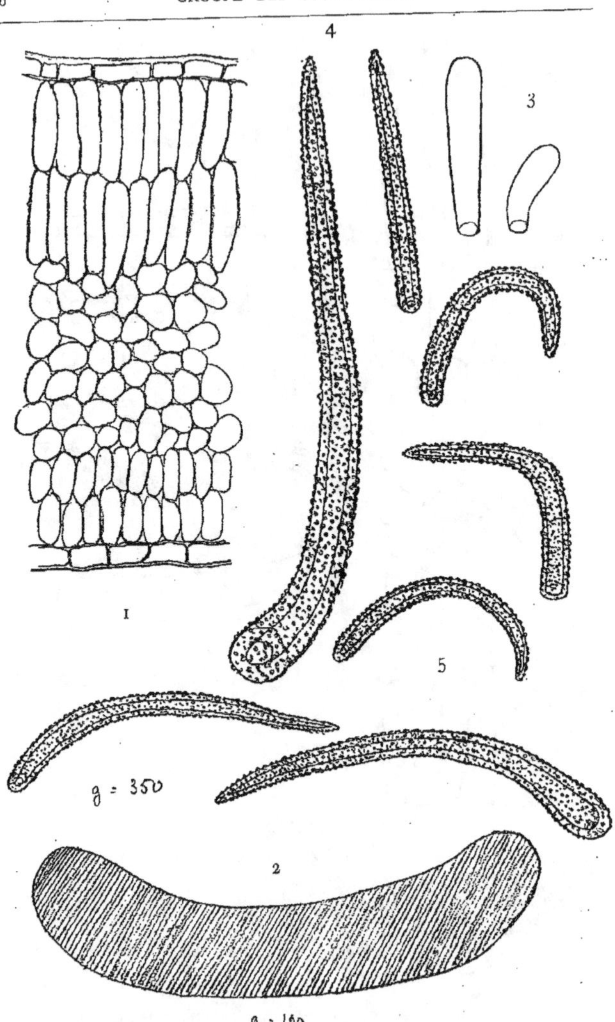

Dessins anatomiques d'O. Wrightii

1, Coupe transversale de la feuille (grossissement : g = 350). — 2, Coupe transversale du faisceau ligneux (g = 190). — 3, Poils lisses (g = 350). — 4, Poils verruqueux dressés (g = 350). — 5, Poils verruqueux appliqués, arqués-appliqués, arqués ou courbés à angle droit (g = 350).

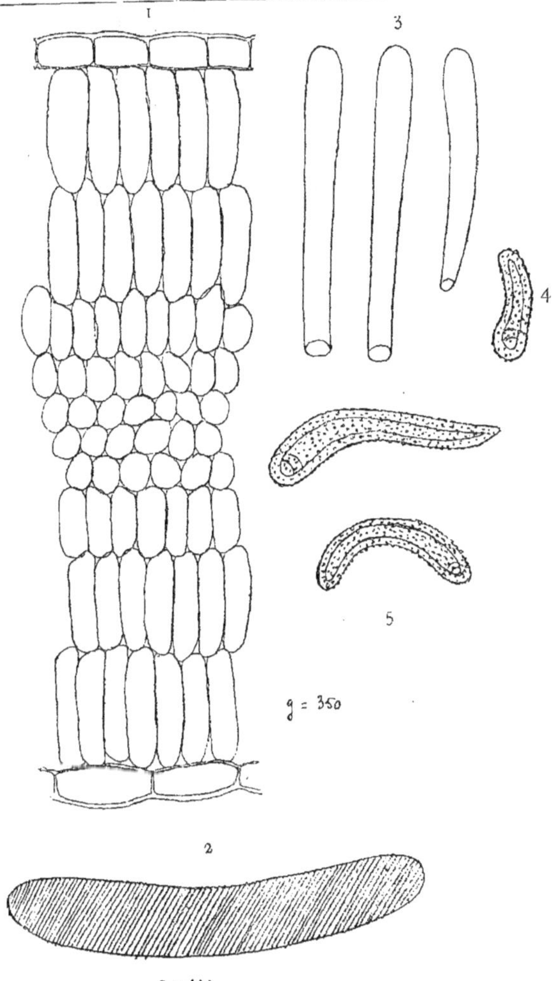

DESSINS ANATOMIQUES D'O. BRACHYCARPA

1, Coupe transversale de la feuille (grossissement : g = 35o). — 2, Coupe transversale du faisceau ligneux (g = 190). — 3, Poils lisses (g = 35o). — 4, Poil verruqueux dressé (g = 35o). — 5, Poils verruqueux arqués-appliqués (g = 35o).

NOTA : Le reste comme dans O. Wrightii.

CLEF

DES

ESPÈCES DU GROUPE DES NUCIFORMES

1.	Feuilles entières ou sinuées-dentées.....	2.
	Feuilles roncinées ou taraxaciformes...	5.
2.	Feuilles entières sublinéaires ; stigmate indivis........................	3.
	Feuilles dentées ou sinuées............	4.
3.	Feuilles velues, luzuliformes..........	O. GRACILIFLORA.
	Feuilles glabres, glauques.............	O. PALMERI.
4.	Capsule munie de crêtes ; stigmate quadrifide...........................	O. CAESPITOSA.
	Capsule sans crêtes ; stigmate indivis...	O. PRIMULOIDEA.
5.	Stigmate indivis....................	6.
	Stigmate quadrifide..................	7.
6.	Segments des feuilles triangulaires ; fleurs moyennes......................	O. NUTTALII.
	Segments des feuilles arrondies ; fleurs petites...........................	O. BREVIFLORA.
7.	Capsule munie de crêtes..............	O. CAESPITOSA.
	Capsule dépourvue de crêtes..........	O. TARAXACIFOLIA.

NUCIFORMES

---

7. — **ONOTHERA BREVIFLORA** Torr. et Gr.

DIAGNOSE

ACINE pivotante, noirâtre, ligneuse, souvent contournée. Tige nulle.

Feuilles radicales, roncinées - taraxaciformes, assez étroites ; à segments inégaux, à pétiole ailé, glabrescentes ou velues-laineuses, à nervure centrale large et blanchâtre.

Fleurs assez petites, rosées au moins sur le sec ; calice à tube égalant en longueur 2-3 fois la corolle, à segments réfléchis ; pétales entiers ou échancrés ; étamines égalant ou dépassant les pétales ; stigmate *indivis*, échancré.

Capsule sessile, pubescente (en forme de bonnet de coton), sans côtes ni crêtes, prolongée en bec allongé.

Graine terreuse, triangulaire pyramidale, anguleuse, paraissant papilleuse.

Mai-août. Lieux pierreux et sablonneux.

DISTRIBUTION GÉOGRAPHIQUE

Utah : U. M. Creek, near Fish Lake, in gravel, 9000 feet, 10 août 1894 ; n° 5835 (*Marcus E. Jones*). — Wyoming : Bacon Creek, 25 août 1894 ; n° 1043 (*Aven Nelson*). — Central Montana : Yogo Baldy, Little Belt Mts., 7000 feet, 24 août 1896 ; n° 679 (*J. H. Flodman*). — Colorado : Colorado Springs, 5500 feet, 28 mai 1879 ; n° 957 (*Marcus E. Jones*). — Nevada : Sierra Valley, août 18,8 (*T. H. Hillman*).

En somme, cette espèce habite l'Utah, le Wyoming, le Montana, le Colorado et le Nevada.

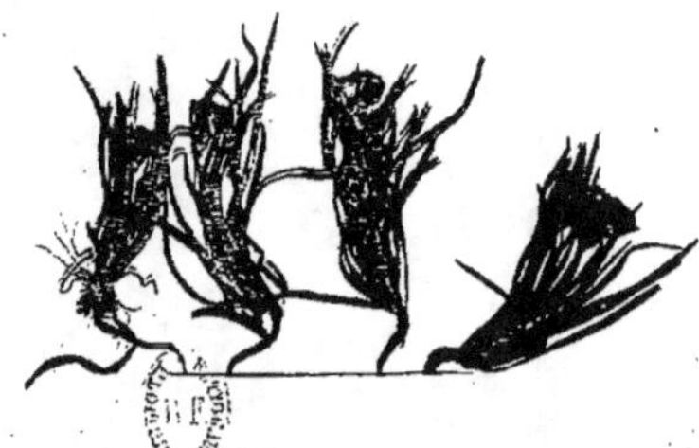

Phot. Bellotti.   Cliché de MM. Triconnet et l'abbé Corbin.

ONOTHERA GRACILIFLORA Hook. et Arn.

8. — ONOTHERA GRACILIFLORA Hook et Arn.

Synonymie : *O. maritima* Nutt. ex Hook. et Arn.

DIAGNOSE

Racine pivotante et ordinairement contournée.

Tige nulle.

Feuilles radicales en rosette, linéaires-allongées en forme de ruban uninervé, sessiles, pubescentes ou velues, acuminées, entières ou obscurément dentées, presque luzuliformes, parfois élargies-lancéolées, à nervure médiane d'un blanc jaunâtre.

Fleurs jaunes, médiocres, radicales ; calice à tube velu pubescent, 2-3 fois égal en longueur à la corolle, à lobes réfléchis ; pétales entiers ; étamines incluses atteignant la moitié de la hauteur des pétales ; stigmate *indivis inclus*, capité globuleux.

Capsule hérissée ou velue, membraneuse mitriforme, à quatre ailes rappelant le fruit du *Trapa* (Mâcre), se contractant au sommet en une pointe à laquelle fait suite la base persistante du style.

Graine pyriforme, à peu près lisse ou très légèrement papilleuse. Avril-mai.

DISTRIBUTION GÉOGRAPHIQUE

California, 1848 ; n° 1732 (*Hartveg*) ; Monte del Diablo, 1866 ; n° C. (*H. N. Bolander*). — Amador Co. New York Falls and Agric. Station 2000 feet., juillet 1892 ; n° 289 (*Geo Hansen*). —California : Berkeley, 1887 (*C. C. Parry*). — California : Butte Co. Chico plains, 1896 ; n° 825 (*R. M. Austin*). — California : Hornbrock, 20 avril 1892 ; n° 1363 (*Thos. Howell*). — California : Butte Co. near Clear Creek, 675 feet, 1-15 avril 1897 (*H. E. Brown*). — California : Siskiyou Co. near Yreka, 23 mai 1876 ; n° 801 (*Edw. L. Greene*). — California : Butte Creek, mai 1896 ; n° 825 (*R. M. Austin*).

Espèce localisée comme la suivante en Californie.

9. — **ONOTHERA PALMERI** S. Wats.

DIAGNOSE

Racine pivotante.

Tiges à épiderme exfolié, scarieux, naissant de la souche, souvent nulles ou presque nulles, naines.

Feuilles sessiles, décurrentes-engainantes, allongées, entières, d'un vert glauque, à nervure centrale blanchâtre ; disposées en rosettes radicales ou terminales.

Fleurs petites, jaunes, passant au verdâtre ; calice à tube égalant 3-4 fois la corolle en longueur ; à segments très velus ; pétales entiers, nervés ; étamines incluses, parfois inégales; stigmate *indivis* claviforme, lancéolé, velu.

Capsule épaisse, de couleur chocolat, ailée membraneuse, courte, tronquée, glabre, sessile à l'aisselle d'une feuille parfois élargie à la base; surmontée de 4 cornes ou prolongements des ailes ; style persistant.

Graine pyriforme, lisse, translucide.

Mai-juin. Plante des lieux arides.

DISTRIBUTION GÉOGRAPHIQUE

South California : San Bernardino, Mojave Desert, mai 1882 ; n° 15180 (1305) (S. B. et W. F. Parish).

Cette curieuse espèce, très voisine de l'*O. Barbeyana*, a l'épiderme scarieux de l'*O. cheiranthifolia* ; sa fleur rappelle celle de l'*O. hirta*, et son port la rapproche beaucoup des espèces de la section des Tortiles dont elle diffère toutefois absolument par son fruit morphologiquement très différent.

Cette espèce n'est connue actuellement que de la Californie.

10. — **ONOTHERA NUTTALII** Torr. et Gr.

Synonymie : *Œ. tanacetifolia* Torr. et Gr. in *Bot. Beek.*

DIAGNOSE

Racine pivotante, parfois charnue.

Tige nulle.

Feuilles radicales, roncinées-pinnatipartites ; à segments triangu-
laires irréguliers, irrégulièrement dentés, alternant avec des divisions
plus courtes ; glabres ou tomenteuses, d'un gris jaunâtre, pétiolées,
rappelant celles de *Teesdalia nudicaulis* ou de certaines fougères ; à
nervure médiane blanche ou rosée bien visible.

Fleurs jaunes, passant au rouge, radicales, assez grandes ; calice
velu à tube égalant en longueur 2-3 fois la corolle ; à segments
réfléchis ; pétales entiers ou érodés ; étamines incluses, glabres ; stigmate épais, *indivis*, capité, subglobuleux, présentant un rudiment de
lobes.

Capsule obscurément tétragone, en forme de sac, sessile, glabre
ou tomenteuse, légèrement bosselée-toruleuse, submembraneuse, prolongée en bec, sans côtes ni stries apparentes sur les faces.

Graine en forme de haricot, jaune, sillonnée, obtuse, rappelant
celles d'*O. sinuata* race *pinnatifida* et d'*O. polymorpha.*

Février-août. Ravins et fonds rocailleux.

DISTRIBUTION GÉOGRAPHIQUE

Sierra Nevada deserts, south of Pilat Peak, 18 juin 1854 (*F. W.
Egloffston*). — From near Saltillo, 29 mars 1847 ; n° 366. — From
Bishop's Hill near Monterey, 6 février 1847. — Californie : Plumas
Co., near Lassen Buttes, 6000 feet, 1-15 août 1897 ; n° 624 (*H. E.*

Brown). — Rocky Mountain 39°, 41°, 1862 (*E. Hall and J. P. Harbour*). — Nevada : Washor Lake, 5000 feet, 3 juin 1897 (*Marcus E. Jones*). — Eastern Oregon, common in the S. Blue Mts. and southward, juin 1897 ; n° 1633 (*Wm. C. Cusick*). — California : Sierra Co., 1875 ; n° 104 (*J. G. Lemmon*) ; 1874, n° 2324 (84) (*J. G. Lemmon*). — Washington : Spokana Co., Smooth form., lowgrounds, 2 juillet 1884 (*W. N. Suksdorf*). Gravelly bottoms on Snake River, Jackson's Hole, 10 juin 1860 (*Dr F. V. Hayden*). — Oregon : Camp Harney, 1875 (*Capt. Ch. Bendire*). — Californie : Plumas Co., 1876 (*R. M. Austin*). — Oregon : Bear Valley Blue Mountains, 23 mai 1885, (*Thomas Howell*). — Saskatchawan, 1858 : (*E. Bourgeau*). — Oregon : Columbia river, 46°-49° lat. 1860 (*Dr Lyell*).

Sa racine, d'un goût piquant, a valu à cette espèce le nom de *Willd-radish : radis sauvage*.

Les étiquettes relatives à cette plante portent tantôt la mention : *Fleurs rouges*, tantôt celle-ci : *Fleurs jaunes*. Cette espèce doit appartenir à la catégorie des fleurs *mutantes* si nombreuses dans le genre *Onothera* ; ces fleurs jaunes d'abord, passent en se fanant ou par la dessiccation au rose, au rouge vineux, plus rarement au vert.

En résumé, on rencontre l'*O. Nuttalii* dans l'Oregon, le Nevada, le Washington, la Californie, le sud de la Dominion du Canada et dans les provinces mexicaines de Coahuila et Nuovo Leon.

Phot. Bellotti, Saint-Étienne.   Cliché de MM. l'abbé Corbin et Triconnet.

Onothera primuloidea Lévl.

II. — **O. PRIMULOIDEA** Lévl.

SYNONYME : *Œ. triloba* Hook. — *Œ. ovata* Nutt. in Torr. et Gr. —
Œ. heterantha Nutt ex Gray in Fendler, p. 45. — *Taraxia heterantha*
Small.

DIAGNOSE

Racine pivotante, épaisse, charnue, parfois noirâtre.

Tige nulle.

Feuilles radicales, en rosette, *primuliformes*, sinuées subentières
ou érodées ou irrégulièrement dentées, ovales-oblongues, ou ovales-
lancéolées, acuminées au sommet, pétiolées, à pétiole ordinairement
ailé, généralement glabrescentes, parfois velues, à nervures visibles.

Fleurs et inflorescence rappelant celle du *Primula grandiflora* ; fleurs
jaunes assez grandes, parfois petites ; calice à tube égalant jusqu'à 3-5
fois la corolle en longueur ; à segments réfléchis, libres, parfois
soudés ; pétales entiers ondulés ; étamines incluses, filets élargis à
la base ; stigmate *indivis,* claviforme ou capité subglobuleux discoïde.

Capsule en forme de sac membraneux, munie d'une douzaine de
stries, obscurément tétragone, réticulée entre les stries ou nervures,
glabre, sessile, surmontée parfois de la base persistante du style.

Graine : oblongue, creusée d'alvéoles.

Chez cette espèce, les capsules sont souvent nombreuses et agglomérées. Mars-septembre. Lieux humides et graviers des rivières.

DISTRIBUTION GÉOGRAPHIQUE

Near Bette Mont 5ooo-6ooo feet, 1873 (C. H. Morse). — Idaho :
Ketchum, 25 juin 1892. — California : near San-Francisco, 1868 et
25 mars 1869 ; hills, n° 2325 (260) (*D*r *A. Kellogg* et *W. G. W.
Harford*). — Washington : Yakima region, 1882 ; n° 14533 (278)

(*T. S. Brandegee*). — Wyoming : Evanston, 28 mai 1897 ; n° 2951
(*Aven Nelson*). — Amador Co. Carson Spur, 8500 feet and TwinLakes
8500 feet, juillet 1892 ; n° 285 (*Geo. Hansen*). — Eastern Oregon,
common in moist situations, 30 mai 1898 ; n° 2178 (*Wm. C. Cusick*).
Oregon : Umpqua Valley, 30 avril 1887 ; n° 1504 (*Thos. Howell*). —
California : Howell Mountain, septembre 1888 (*Brandegee*). — Cali-
fornia : San Francisco meadows, 1866, 1868 (*H. Bolander*). —
Montana, 1894 (*Moore*). — California : Plumas Co., 1876 (.*R M.*
Austin). — Abundant, Valley of Snake river, gravel Hills, 6000 feet.
14 juin 1860). — California, 1848 ; n° 1731 (*Hartweg*). — Oregon :
moist situations, 3000-4000 feet, juin 1882 et 30 mai 1898 ; n° 626
(*Wm. C. Cusick*). — California, 1867 (*H. Bolander*). — Oregon :
Clear Water ; n° 406 (*Spalding*). — Oregon : ad uliginosas fontes in
frigidis (*Geyer*). — On the railroad beach near Arkadia, juin 1876
(*R. M. Soulard*). — Wyoming : Evanston, 5 juin 1898 (*Aven Nelson*).

En considération de leurs graines petites, réticulées et très ressem-
blantes à celles de l'*O. pyramidalis*, parfois en forme de petit ton-
nelet, nous rapportons à l'*O. primuloidea* les échantillons de cette
dernière localité que primitivement nous rattachions à l'*O. taraxaci-*
folia.

L'*O. primuloidea* habite l'Idaho, le Washington, le Wyoming,
l'Oregon, le Montana et la Californie.

12. — **ONOTHERA CÆSPITOSA** Nutt.

SYNONYMIE : *Œ. eximia* Gray. — *Œ. marginata* Nutt. in Torr. et Gr., Fl. p. 5oo et ex Hook. et Arn. — *Œ. montana* Nutt. — *Œ. scapigera* Pursh. — *Œ. primiveris* Gray. — *Œ. californica* Wats. — *Œ. Johnsoni* Parry. — *Pachylophis Nuttaliana* Spach. — *P. Nuttalii* Spach. — *Pachylophus caespitosus* Nutt., Raimann. — *Pachylophus montanus* Nutt., Aven Nelson. — *Œ. Idahensis* Isabel Mulford.

DIAGNOSE

Racine ordinairement épaisse pivotante, rarement rameuse, traçante, stolonifère.

Tige nulle ou presque nulle.

Feuilles radicales, ovales, oblongues ou lancéolées, parfois subentières, ou lobées-dentées irrégulièrement, surtout à la base, ordinairement sinuées-incisées ou pinnatifides, parfois dimorphes, ordinairement glabrescentes, parfois pubescentes ou velues-blanchâtres, le plus souvent ciliées sur les bords, pétiolées, à pétiole parfois long, assez souvent ailé ; souvent accuminées ; à nervures (surtout la médiane) visibles.

Fleurs grandes ou très grandes ; bouton ovoïde oblong ; calice à tube ordinairement deux fois égal en longueur aux pétales, à lobes ordinairement velus laineux, plus rarement glabrescents ; pétales obcordés-bilobés ou échancrés-cordiformes ; stigmate *quadrifide*.

Capsule sessile ou stipitée, ligneuse ou membraneuse, *cucumiforme*, à côtes relevées en crêtes saillantes et mamelonnées, souvent très prononcées, parfois velue tomenteuse, plus souvent glabrescente, atténuée en bec peu allongé ; souvent à nervures jaunâtres dans l'intervalle des crêtes crépues ; ou à vallécules glabres d'un jaune brun.

Graine : de couleur marron, courbée, avec une face concave, paraissant papilleuse, obtuse aux deux extrémités.

La plante est souvent hétérophylle, phénomène qu'on observe aussi chez l'*O. sinuata*.

Mars-avril. Lieux argileux ou rocailleux, collines pierreuses, rochers dénudés.

DISTRIBUTION GÉOGRAPHIQUE

Colorado : Rocky Mountain, gravelly stony slopes near Empire, upper creek valley, 22 août 1874 (*G. Engelman*). — Nebraska, 14 mai 1855 (*Dr F. V. Hayden*). — Montana : Custer, 30 mai 1890 ; n° 50 (*J. W. Blankinship*). — Nebraska : Chalkhills from big bend to Yellowstone, juin 1854 (*Dr F. V. Hayden*). — Upper Missouri, argill bituminous, State hills, Shian and Seton Rivers, 10 juin 1839 ; n° 194 (*Charles A. Geyer*). — Ojo de Rescade, 4 juillet 1864 (*A. Landusn*). — Idaho : Nez Perces Co., Lewiston 1500-2000 feet, 13 juin 1896 ; n° 3242 (*A. A. and E. Gertrude Heller*). — Wyoming : Laramie *reds hills*, 18 mai 1895 et 3 juin 1895 ; n° 1896 (*Aven Nelson*). — New Mexico, 1847, n°s 228, 247 (*A. Fendler*). — Idaho : near Soda Springs, 21 juin 1892 (*A. Isabel Mulford*). — Idaho : Curlen Guleh, 15 juin 1892 (*A. Isabel Mulford*). — [South Dakota : Boothand, near indian creek, août 1891 (*Thos. A. Williams*). — Nebraska : Chalkhills, Badlands to Yellowstone, 1853-1854 ; n° 235 (Dr F. V. HAYDEN). — Ring of Great Salt Lake, desert. — Nebraska : Yellowstone Co. 1853-1854 (Dr F. V. HAYDEN). — Sierra Nevada : near the Citoriast Summit, 25 juin 1854 (*T. W. Egloffston*). — Rocky Mountains lat. 39°-41°, 1862 ; n° 173 (*E. Hall* and *J. P. Harbour*). — Utah : Marysvale, gravel, 8900 feet, 1894 ; n° 5375 (*Marcus E. Jones*). — Wyoming : Centennial Hills, 8 juin 1895 ; n° 1274 (*Aven Nelson*). — Manitoba, août 1883 (*J. Q. A Fritchey*).

— Colorado, foothills near Mancos, locally common, 26 juin 1898 ;
n° 141 (*C. F. Baker, F. S. Earle, S. M. Tracy*). — California : San Bernardino Co. Barstow, very abundant on rocky
hill sides near depot, 1ᵉʳ avril 1888 (*Fritchey*). — New Mexico : Coa-
lidge, 19 juin 1887 ; n° 198 (*S. M. Tracy, Evans*). — California :
Inyo Co. Panamint Mountains, 1400 m., 2-4 avril 1891 ; n° 535
(*Fred. V. Coville, Fred. Funston*). — Colorado : Pike's Peak, 4 juin
1893 (*Shimek*). — South Dakota : Barren summits of buttes in badlands
at Corral Draw, 25 août 1891 (*T. A. Williams*). — Colorado :
Boulder Canon, juin 1876 (*W. A. Henry*). California : upper lake,
Bear Valley, 6700 feet, San Bernardino Mountains at their eastern
base, 19 juin 1894 (*S. B. Parish*). — Wyoming : Oriri junction,
6 juin 1893 (*J. Shimek*). — California : Sierra Nevada, 1875 ; n° 4357
(*John Muir*). — California : near Zwrillow Creek, Panamint Mountains, 1950 m., 15 mai 1891 ; n° 753 (*Fred. Coville, Fred. Funston*).
— Head waters of the Missouri and Yellowstone-rivers, abundant on
gravelly hills on the Wind River mountains, 6000 feet, 20 mai 1860
(*Dʳ F. V. Hayden*). — Valley of Yellowstone Rivers 1860 (*Dʳ C. M.
Hines*). — Jackson's Hole on Snake River, 6000 feet, 12 juin 1860
(*Dʳ F. V. Hayden*). — South Arizona : Camp Grant, open spots,
20 mars 1867 ; n° 98 (*Dʳ Edw. Palmer*). — Utah : Salte Lake City,
1872 (*Henry Engelmann*). — Utah : Gate of Gibraltar, 9 juin 1889.
— Sierra Madre, 2 juillet 1864 (*A. L. Anderson*). — New Mexico :
El Paso, février-avril 1852 ; n° 1876 (*C. Wright*). — Southern Utah ;
near Saint-Georges, mai 1874 ; n° 2308 (65). (*C. C. Parry*). — Sou-
thern California : San Bernardino, Mohave Desert, Cushenberry
Springs, mai 1882 ; n° 15179 (1307) (*S. B.* and *W. F. Parish*). —
New Mexico : Lincoln Co., White Mountains, 6800 feet, 30 juillet
1897 (*E. O. Wooton*). — North Colorado an Ginzzly Creek, 8500 feet,
24 juillet 1896 (*Carl. F. Baker*). — Utah, 4500 feet, 5 juin. —
Colorado : Lariver Co. mountains, 7500 feet, 14 juin 1896 (*C. S.
Crandall*). — Arizona : Walnut Grove, 28 avril 1876 ; n° 33 (*E. Palmer*). — Colorado : near Canon City, mai 1871 ; n° 2294 (35) (*T. S.*

5

Brandegee). — Colorado : Mainton, 5 juillet 1891 (*Trelease*). — Montana : Beaveshead Co. 1894 (*Moore*). — Wyoming : Laramie hills, 23 mai 1894 et 18 mai 1895 ; n° 58 (*Aven Nelson*). — California: 1876 ; n° 133 (*E. Palmer*). — Colorado : Colorado springs, 6000 feet, 11 juin ; n° 956 (*Marcus E. Jones*). — Oregon : sandy soils, *perennial* (*Wm. C. Cusick*).— Pacific Slope : Sonoro, plains, 30 mars 1844 (*C. G. Pringle*). — Oregon : Muddy station John Day Valley, 12 mai 1855 (*Thomas Howell*). — Colorado : Mountains about the head waters of Clear Creek, dry places in Clear Creek Canyon, Georgetown, 8500 feet, 1885 (*H. N. Patterson*). — California, 1883 (*J. G. Lemmon*). — Santa Magdelane Mountains, juin 1881 (*G. R. Vasey*). — Oregon : base of Stein's Mountain, 1er juin 1885 (*Thomas Howell*). — Arizona, 7000 feet, 25 juillet 1898 (*Mac-Dougall*). — Colorado : Canon of the south Platte, 8 août 1897 (*C. S. Crandall*). — Colorado : Park Co., vicinity of Como, 9800 feet (*C. S. Crandall*). — Utah : Cache, 1900 (*J. Linford*). — Colorado : Table Rock, 15 juillet 1891 (*C. S. Crandall*).

Espèce plus ou moins répandue dans les Etats ou territoires suivants : Colorado, Nebraska, Montana, Missouri, Idaho, Wyoming, New Mexico, Dakota méridional, Californie, Utah, Arizona, Oregon, Washington, c'est-à-dire dans toute la moitié occidentale des Etats-Unis.

f. *caulescens*. Colorado, n° 956 (*Marcus E. Jones*).

f. *albiflora*. — Passant également au rose en se fanant. A cette forme se rapportent les échantillons du grand Lac salé, de l'Utah : porte de Gibraltar et de l'Oregon, de Cusick.

RACE **Johnsoni** Watson. Parry.

Souche pivotante ; tige nulle ; plante ordinairement *hétérophylle* : (la moitié des feuilles sont entières, l'autre moitié des feuilles pinnées-roncinées), velues ainsi que les boutons, pétiolées, ovales-oblongues ; fleurs assez grandes, rosées sur le sec, à tube du calice long ; capsule velue-tomenteuse ; à côtes formant bourrelets, chargées d'aspérités, velues-hérissées mais paraissant dépourvues de crêtes bien marquées ; graine grosse, jaune marron, creusée en sillon (an dessiccatione ?) sur chaque face, rugueuse, obtuse aux deux extrémités, avec tendance à se courber.

DISTRIBUTION GÉOGRAPHIQUE

Arizona : Fort Whipple, gravelly knolls, common 3 mai 1865 ; n° 198 (*DD[rs] Elliott Coues* et *Edw. Palmer*). — Arizona : Valley near Camp Lowell, 19 mai 1883 ; n° 15998 (*C. G. Pringle*). — New Mexico : Santa Fe Canon, 9 miles east of Sante Fa, 8000 feet, 26 juin 1897 ; n° 3773 (*A. A.* and *E. Gertrude Heller*). — Southern Utah, near Saint-George, common on dry hills, mai 1874 ; n° 2303 (64) (*C. C. Parry*).

Var. **primiveris** Gray.

Racine pivotante ; tige nulle ; feuilles radicales, lobées ; à segments ovales lancéolés, petits, courts, arrondis, entiers ou irrégulièrement découpés ; — parfois feuilles entières ou sinuées ; fleurs subprimuliformes, à tube du calice médiocre ; pétales échancrés cordiformes.

Plante velue.

A cette variété se rapportent les échantillons d'El Paso (New Mexico) n° 2308, recueillis par *C. Wright* ; ceux récoltés par *Edw. Palmer* dans le South Arizona n° 98, et ceux du Southern Utah near Saint-Georges, dont *C. C. Parry* fut le collecteur.

Semble être une forme printanière du *Johnsoni* à feuilles toutes entières ou toutes pinnatifides, établissant ainsi une transition entre la plante homophylle et la plante hétérophylle.

On retrouvera plus loin le même parallélisme de formes chez l'*O. sinuata*.

Ce parallélisme semble très développé chez les Onothéracées. Ainsi beaucoup d'espèces d'Onothera ont leur analogue chez le genre *Gaura*.

On remarquera que nous rattachons à l'*O. caespitosa*, comme race, l'*O. Johnsoni*, que notre collaborateur croit devoir séparer anatomiquement.

Au point de vue morphologique nous ne voyons pas de distinction spécifique suffisante entre ces deux formes et, jusqu'à plus ample informé, nous les considérons comme appartenant au même stirpe.

Le *Johnsoni* forme une transition entre l'*O. caespitosa* et l'*O. taraxacifolia* auquel sa capsule semblerait le rattacher.

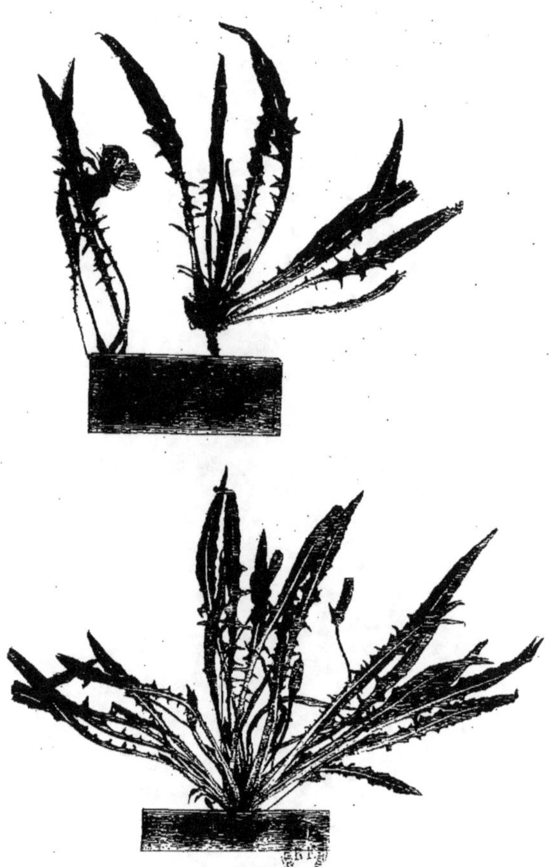

Onothera taraxacifolia Lévl.

(*O. taraxacifolia* Sweet ex parte).

13. — **ONOTHERA TARAXACIFOLIA** Lévl. et Guffr.

SYNONYMIE : *Œ. acaulis* Cav. Lindl. Lag. — *Œ. acaulis* Cav. var. *major* Ser. — *Œ. grandiflora* Ruiz et Pav. — *Œ. taraxacifolia* Hort. ex Sweet ex p. — *Œ. triloba* Nutt. — *Œ. rhizocarpa* Spreng. — *Œ. Rœmeriana* Scheele. — *Lavauxia cuspidata* Spach. — *L. mutica* Spach. — *L. Nuttaliana* Spach. — *L. centaurifolia* Auct.

DIAGNOSE

Racine pivotante, quelquefois épaisse, charnue ou ligneuse noirâtre, parfois rampante.

Tige ordinairement nulle ou décombante redressée, fistuleuse (var. CAULESCENS).

Feuilles *taraxaciformes*, ordinairement toutes radicales en rosette, ovales-oblongues ou oblongues-lancéolées dans leur pourtour, rarement entières ou subentières, ordinairement roncinées-pinnées, souvent lyrées, à segments variables quant au nombre et à la forme (ceux-ci souvent inégaux, linéaires ou lancéolés, courts, entiers ou irrégulièrement incisés-dentés, rarement bi-trifurqués, le lobe terminal ovale aigu, prédominant, entier ou denté), glabrescentes, parfois pubescentes ou très velues dans leur jeunesse, pétiolées, à pétiole souvent ailé.

Fleurs jaunes, assez grandes, grandes ou très grandes, ordinairement radicales ; calice parfois très velu extérieurement, à tube ordinairement deux fois égal en longueur à la corolle ; segments allongés, réfléchis, souvent soudés, pétales érodés ou lobés ; étamines incluses, glabres ; stigmate *quadrifide* ou quelquefois sextifide par accident.

Capsule grosse, courte, membraneuse, cartilagineuse, assez souvent rugueuse, à faces parfois concaves, marquées d'une côte médiane ; à quatre ailes saillantes rappelant un peu celle du *Trapa*, sessile, à nervures visibles, glabrescente, souvent absolument radicale, souvent atténuée au sommet en une sorte de bec.

Graine : de couleur chocolat, courbée, avec une face paraissant plane, parfois rugueuse et munie de bourrelets saillants.

Les capsules sont souvent agglomérées sur le rhizome comme chez l'*O. caespitosa*.

Avril-septembre dans l'hémisphère boréal, et novembre-février dans l'hémisphère austral. — Lieux marécageux ou argileux ; prairies humides.

DISTRIBUTION GÉOGRAPHIQUE

Arizona : Pacific Slopes Valley of Riblita, 19 avril 1884 (*C. G. Pringle*). — Nevada : Genoa, 5000 feet, 5 juin 1897 (*Marcus E. Jones*). — Kansas : Trego Co., Buffalo wallows, 20 juillet 1895 ; n° 161 (*A. S. Hitchcock*). — Tennessee : pastures near Nashville, mai 1878 ; n° 913 (*A. Gattinger*). — Washington : Arkaurs Co. Fuss der Can-

OEnothera triloba.
Aux États-Unis

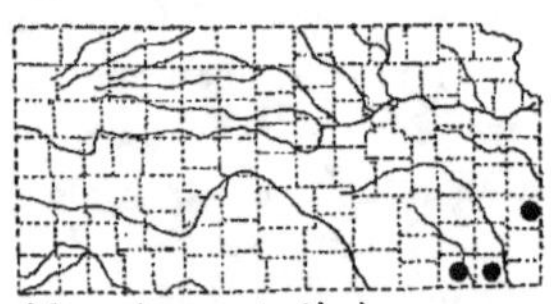

OEnothera triloba.
Dans le Kansas

chill an der Canenfork der Illinois, juin 1885. — Texas : New Braunfels, 1846 ; n° 392 (*F. Lindheimer*). — Rocky Mountain, 39°, 41°, 1862 ; n° 175 (*E. Hall.* and *J. P. Harbour*). — South Utah, 1874 ; n° 66 (*C. C. Parry*). — Gillespie Co. *Crab Apple* (*G. Jermy*). — California : Sierra Co. 1874 ; n° 2320 (86) (*J. G. Lemmon*). — Indian Territory, Catoosa, abundant, 8 mai 1895 ; n° 1167 (*B. F. Bush*). —

Utah : Kaneb, in red sand, 3500 feet, 22 mai 1894 (*Marcus E. Jones*).
— Wyoming : Laramie, juin 1894 ; n° 219 (*Aven Nelson*). — Utah :
Marysvale, gravel, 9000 feet, 1894 ; n° 5397 (*Marcus E. Jones*). —
Ash Fork A. T., 13 mai 1883 ; n° 606 (*Henry H. Rusby*). — Cam-
bridge Garden, juillet 1883 (*Wm. Trelease*). — California Modoc
Co. Lava Beds, 20 juillet 1893 (*Milo S. Baker*). — South Colorado,
P. O. near Parrott, common along roadsides over dry foot hills at
about 800 feet, 13 juillet 1898 ; n° 549 (*C. F. Baker, F. S. Earle,
S. M. Tracy*). — Kansas : Montgomery Co., open ground, 9 mai 1897;
n° 1142 (*A. S. Hitchcock*). — Indian Territory : Sapulpa, common,
4 mai 1895 ; n° 1193. — South Utah, 1874 ; n° 2321 (44) (*C. C.*

Œnothera triloba parviflora.
Aux États-Unis.

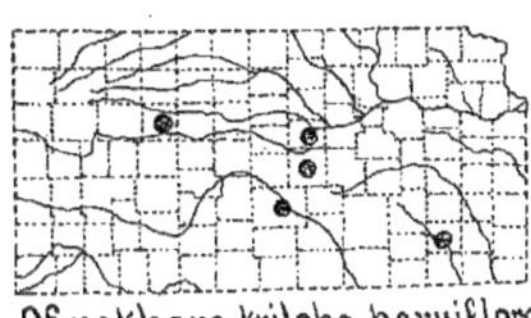

Œnothera triloba parviflora
Dans le Kansas.

Parry). — South Western Colorado : Parrott City, septembre 1875,
n°ˢ 4354, 1143 (*T. S. Brandegee*). — Wyoming territory : Fort Brid·
ger, août 1873 ; n° 2319 (*Thos. C. Porter*). — Texas : Dallas, prairies, mai 1880 (*J. Reverchon*). — Texas oriental, 1849. Mêlé à *O.
speciosa* (*Wright*). — CHILI : prov. Colchagua, 1862 (*Philippi*). —
Valdivia, 1861 (*R. A. Philippi*). — Prov. col. Arique, ad flumen Calle-
calle, in glareosis, Tractus, févrieï-mars 1852 (*W. Lechler*). — Chili :
Concepcion (*in herb. Pavon*). — Chili : prope Concan, in montibus
glareosis, août 1827 ; n° 195 et août 1868 ; n° 119 (*Pœppig*). —
Chili : Quillota, Yerba del apostema (nom vulgaire), octobre 1889 ;
n° 1184 (*M. Bertero*). — Santiago, in pratis, *rare*, février 1829, 1028
(*Gay*). — Valparaiso, 1834 (*Gaudichaud*). — Chili : in pascuis editis

Andium a littoribus maritimis usque ad terminum nivalem, novembre 1829 ; n° 513 (*Cl. Gay*). — Buenos-Ayres (*Commerson*). Banda oriental del Uruguay, 1816-1821 ; n° 2271 (*Aug. de Saint Hilaire*). — Montevideo ; La Plata (*Courbon*). — Brésil : prov. de Rio-Grande, 1833 ; n° 1289 (*C. Gaudichaud*). — New Mexico, Arizona and S. E. California, Gocorno, mai 1881 (*G. R. Vasey*). — Mexico : valley of the Rio Grande below Donana (*W. H. Emory, C. C. Parry, J. M. Bigelow, Ch. Wright, A. Schott.*). — Colorado : rocky Mountains, 40°, 41° lat., 1868 ; n° 177 (*G. Vasey*). — Rocky Mountains, 39°, 41° lat., 1862 ; n° 17 (*E. Hall.* and *J. P. Harbour*). — Colorado : Rocky Mountains, 1872 (*C. C. Parry*). — Chili : 1878 (*C. Gay*). — Chili : Sant. Antonio, in pratis, août 1829, n°ˢ 1077-288 (*Bertero*). — Région maritime du Chili boréal (*Pœppig*). — Chili : La Conception, 1825 (*d'Urville*) et 1835 (*Dombey*), et recenter (*Philippi*). — Idaho, juillet 1900 (*J. Linford*). — Arizona : in the vicinity of Flagstaff, 7000 feet, 4 juin 1898 ; n° 45 (*Dr D. T. Mac Dougall*). — Kansas : Wilson Co., ravines (*W. H. Haller*). — Texas (*F. Lindheimer*). — Texas : avril 1851 ; n° 522 (*F. Lindheimer*). — Uruguay : Montevideo (*J. Arechavaleta*).

L'aire géographique de cette espèce est très étendue : Arizona, Nevada, Washington, Colorado, Utah, Californie, Wyoming, Territoire indien, Texas, Kansas, Tennessee en possèdent des représentants. Elle croît, en outre, au Brésil, dans l'Uruguay, l'Argentine et le Chili.

Réunissant en une seule espèce les *O. acaulis* et *O. triloba* nous n'avons pu conserver ces noms qui ne répondaient plus à notre conception d'une espèce unique et dont le premier était tout à fait impropre pour un stirpe qui est loin d'être toujours acaule.

Le nom caractéristique de *taraxacifolia*, déjà employé par Sweet, convenait au contraire merveilleusement à l'espèce telle que nous la concevions.

Var. CAULESCENS. Plante pourvue de tige, parfois très élevée. — Répandue surtout dans l'Amérique du Sud.

Var ECRISTATA Jones. — Capsule sans rugosités prononcées. Est au *taraxacifolia* ce qu'est le *Johnsoni* au *caespitosa*. Recueillie dans l'Utah par Jones. L'absence de rugosités résulte peut-être de la précocité de la floraison et de la récolte.

Cultivée au Kentucky en 1853, par C. W. Short, la plante n'a pas varié. On la trouve parfois à calice velu laineux extérieurement. Dans cet état elle a été prise à tort pour l'*O. trichocalyx* Nutt. forme critique et très diversement comprise par les botanistes, mais bien distincte par sa capsule allongée linéaire qui la rapproche des *O. sinuata* et *albicaulis* (*pallida*) et la classe dans le groupe des PRISMATIFORMES.

La culture ne fait pas varier les formes des *Onothera* dont les espèces, races ou même variétés persistent. Toutefois les feuilles prennent en général un grand développement, notamment dans le sens de la longueur. Les fleurs sont aussi susceptibles de se modifier au point de vue de leurs dimensions. C'est du moins ce qui résulte, d'une part, de l'examen que nous avons fait des échantillons provenant de cultures faites dans les jardins de Genève et, d'autre part, de l'ensemble de nos expériences personnelles.

Nous reviendrons sur ce sujet quand nous traiterons des recherches expérimentales auxquelles s'est appliqué le professeur Hugo von Vries.

GROUPE DES NUCIFORMES

I. — DESCRIPTION DES TYPES

O. taraxacifolia (Sweet) Lévl.

EUILLE épaisse de 250 μ.

Mésophylle centrique.

Faisceau ligneux large de 384 μ, épais de 94 μ (R. = 4,09).

Poils tous lisse, claviformes, dressés, longs de 110-115 μ, larges de 9-11 μ.

O. Nuttalii

Feuille épaisse de 160 μ.

Mésophylle centrique.

Faisceau ligneux large de 221 μ, épais de 84 μ (R. = 2,63).

Poils tous finement verruqueux, aigus ou subaigus, à paroi épaisse de 1,5-5 μ, de deux formes :

Les uns dressés, longs de 128-295 μ, larges de 10-20 μ.

Les autres arqués, longs de 125-245 μ, larges de 13-20 μ.

O. cœspitosa

Feuille épaisse de 240 μ.

Mésophylle centrique.

Faisceau ligneux large de 894 μ, épais de 78 μ (R. = 11,46).

Poils de deux natures :

Les uns lisses, claviformes, à paroi mince, dressés ou inclinés, longs de 148-165 μ, larges de 18-17 μ.

Les autres finement verruqueux, aigus ou subaigus, à paroi épaisse de 2-5 μ, longs de 210-950 μ, larges de 15-35 μ, tous dressés.

O. breviflora

Feuille épaisse de 275 μ.

Mésophylle centrique.

Faisceau ligneux large de 489 μ, épais de 47 μ (R. = 10,40).

Poils de deux natures :

Les uns lisses, claviformes, à paroi mince, ± inclinés, longs de 40-65 μ, larges de 7-10 μ.

Les autres finement verruqueux, aigus ou subaigus, tous arqués ou appliqués, longs de 60-130 μ, larges de 12-18 μ, à paroi épaisse de 1,5-3 μ.

O. primuloidea

Feuille épaisse de 180 μ.

Mésophylle centrique.

Faisceau ligneux large de 1031 μ, épais de 78 μ (R = 13,21).

Poils de deux natures :

Les uns lisses, utriformes, arqués appliqués, longs de 40-45 μ, larges de 15-18 μ.

Les autres finement verruqueux, subaigus ou obtus, tous arqués ou appliqués, longs de 55-130 μ, larges de 11-17 μ, à paroi épaisse de 1,5-3 .

O. graciliflora

FEUILLE épaisse de 260 μ.

MÉSOPHYLLE centrique.

FAISCEAU LIGNEUX large de 144 μ, épais de 72 μ (R = 2).

POILS de deux natures :

Les uns lisses, claviformes, à paroi mince, dressés ou inclinés, longs de 37-80 μ, larges de 8-10 μ.

Les autres verruqueux, tantôt finement verruqueux. longs d'environ 130 μ, larges de 15 μ, à paroi épaisse de 4-5 μ, tous dressés ; tantôt très finement verruqueux, dressés ou arqués, longs de 280-450 μ, larges de 20-30 μ, à paroi épaisse de 5-10 μ.

O. Palmeri

FEUILLE épaisse de 365 μ.

MÉSOPHYLLE centrique.

FAISCEAU LIGNEUX large de 415 μ, épais de 89 μ (R = 4,66).

POILS de deux natures :

Les uns lisses, claviformes, à paroi mince, arqués ou inclinés, longs de 40-65 μ, larges de 7-10 μ ;

Les autres finement verruqueux, aigus ou obtus, tantôt dressés, longs de 110-180 μ, larges de 10-25 μ, à paroi épaisse de 1,5-3 μ ; tantôt arqués ou appliqués, longs de 110-395 μ, larges de 20-35 μ, à paroi épaisse de 3-10 μ, certains en forme de cimeterre.

O. Johnsoni

FEUILLE épaisse de 320 μ.

MÉSOPHYLLE centrique.

FAISCEAU LIGNEUX large de 421 μ, épais de 78 μ (R = 5,39).

POILS de deux natures :

Les uns claviformes lisses, à paroi mince, dressés ou inclinés, longs de 70-80 μ, larges de 9-11 μ ;

Les autres finement verruqueux, aigus ou subaigus, de formes très différentes : tantôt dressés, longs de 170-390 μ, larges de 8-20 μ, à paroi épaisse de 1,5-4 μ ; tantôt inclinés, longs de 160-330 μ, larges de 13-18 μ, à paroi épaisse de 2-3 μ; certains plus ou moins courbés en hameçon, hauts de 40-870 μ, larges de 13-32 μ, à paroi épaisse de 3-4 μ ; d'autres encore $\pm$ arqués ou arqués recourbés, longs de 160-850 μ, larges de 10-28 μ, à paroi épaisse de 2-5 μ. (On trouve des poils larges de 70 μ, à paroi épaisse de 8 μ).

II. — DESCRIPTION RÉSUMÉE DES SECTIONS

Liotrichæ

Feuille épaisse de 250 μ.
Mésophylle centrique.
Faisceau ligneux large de 384 μ, épais de 94 μ (R = 4,09).
Poils tous lisses, claviformes, dressés, longs de 110-115 μ larges de 9-11 μ.

Rhytidotrichæ

Feuille épaisse de 160 μ.
Mésophylle centrique.
Faisceau ligneux large de 221 μ, épais de 84 μ (R = 2,63).
Poils tous finement verruqueux, aigus ou subaigus, dressés ou arqués, longs de 120-295 μ, largés de 10-20 μ, à paroi épaisse de 1,5-5 μ.

Heterotrichæ

Feuille épaisse de 180-365 μ.
Mésophylle centrique.

Faisceau ligneux large de 144-1031 μ ; épais de 47-89 μ (R = 2 à
13,21)

Poils les uns lisses, claviformes ou utriformes (O. primuloidea), à
paroi mince, longs de 37-165 μ, larges de 7-18 μ, dressés, inclinés
ou arqués-appliqués(O. primuloidea).

Les autres tantôt tous finement verruqueux ; tantôt, certains, finement
verruqueux et d'autres très finement (O. graciliflora), aigus, subaigus ou obtus, dressés, inclinés, arqués, arqués-recourbés, appliqués,
parfois en hameçon (O. *Johnsoni*), longs de 55-950 μ, larges de
8-70 μ, à paroi épaisse de 1,5-10 μ.

III. — CONSPECTUS DES ESPÈCES

I. Poils tous lisses, claviformes, à paroi mince, longs de 110-115 μ;
faisceau large (384 × 94 μ ; R = 4,09) = *O. tara-*
xacifolia.

II. Poils tous finement verruqueux, les uns dressés longs de 120-
295 μ ; les autres arqués longs de 125-245 μ ; faisceau ligneux moyen (221 × 84 μ ; R = 2,63) =
O. Nuttalii.

III. Poils de deux natures : les uns lisses, à paroi mince ; les
autres ± finement verruqueux, à paroi ± épaisse.

A. Poils verruqueux tous dressés, longs de 210-950 μ ; les
lisses, claviformes, longs de 140-165 μ ; faisceau
excessivement large (894 × 78 μ ; R = 11,46) =
O. cæspitosa.

B. Poils verruqueux tous arqués ou appliqués, longs de 55-
130 μ,

α. Faisceau large (489 × 47 ; R = 10,40) ; poils lisses,
claviformes, ± inclinés, larges de 7-10 μ; feuille
épaisse de 275 μ = *O. breviflora.*

β. Faisceau excessivement large (1031 × 78 μ; R = 13,21); poils lisses utriformes, arqués-appliqués, larges de 15-18 μ; feuille épaisse de 180 = *O. primuloidea*.

C. Poils verruqueux tantôt dressés, tantôt arqués ou appliqués, longs de 110-450 μ.

   α. Faisceau petit (144 × 72 μ; R = 2); poils verruqueux à ornements tantôt fins, tantôt très fins; feuille épaisse de 260 μ = *O. graciliflora*.

   β. Faisceau large (415 = 89 μ; R = 4,66); poils verruqueux à ornementation uniforme; quelques-uns en forme de cimeterre; feuille épaisse de 365 μ = *O. Palmeri*.

D. Poils verruqueux de formes très différentes: dressés, inclinés, courbés en hameçon, arqués ou arqués-recourbés, longs de 160 à 850 μ et plus, faisceau large (421 × 78 μ; R = 5,39); feuille épaisse de 320 μ = *O. Johnsoni*.

IV. — GROUPEMENT EN SECTIONS

1re Section (Liotrichæ) : *O. taraxacifolia*.
2e Section (Rhytidotrichæ) : *O. Nuttalii*.
3e Section (Heterotrichæ).

   1re Sous-section : *O. cæspitosa*.
   2e Sous-section : *O. breviflora, primuloidea*.
   3e Sous-section : *O. graciliflora, Palmeri*.
   4^e Sous-section : *O. Johnsoni*.

V. — CLASSIFICATION

SPEC.   1. *O. taraxacifolia.*
      2. *O. Nuttalii.*
      3. *O. cæspitosa.*
      4. *O. breviflora.*
      5. *O. primuloidea.*
      6. *O. graciliflora.*
      7. *O. Palmeri.*
      8. *O. Johnsoni.*

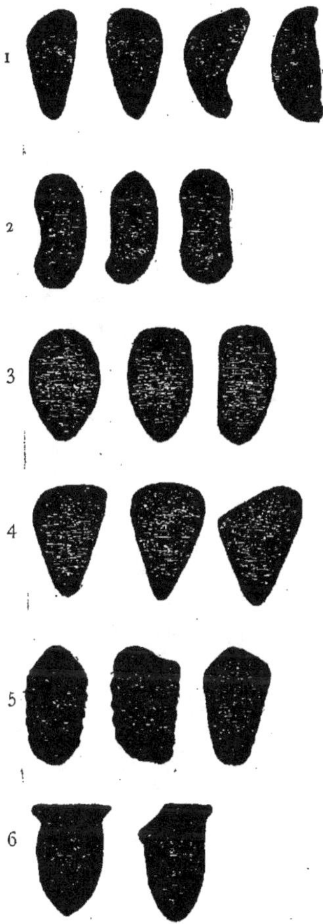

GRAINE : 1, cæspitosa; 2, Nuttalii; 3, primuloidea; 4, breviflora; 5, Johnsoni; 6, triloba.

6

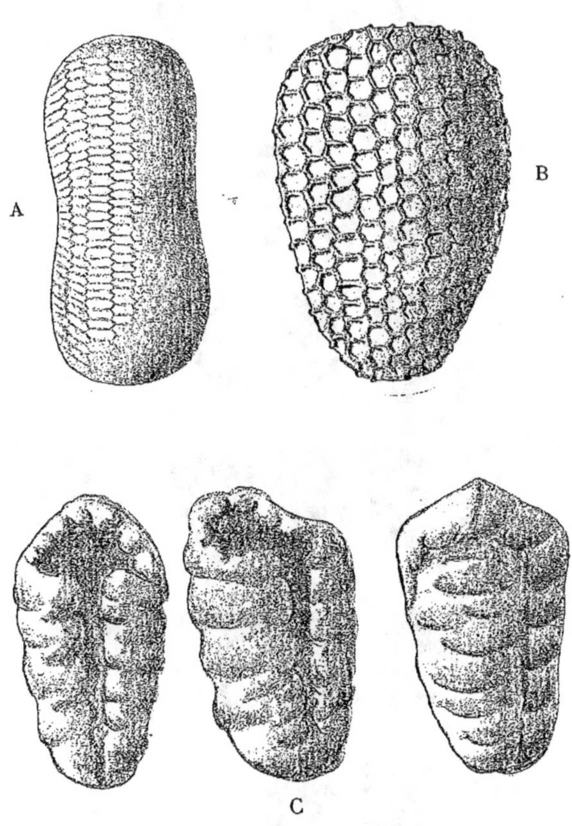

Graine : A, O, Nuttallii (grossie environ 37 fois). — B, O. primuloidea (grossie environ 53 fois). — C, O. Johnsoni (grossie environ 18 fois).

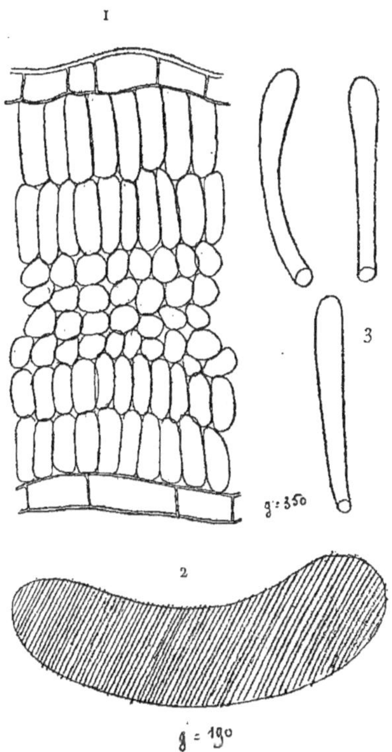

Dessins anatomiques d'O. taraxacifolia

1, Coupe transversale de la feuille (grossissement : g = 350). — 2, Coupe transversale
du faisceau ligneux (g = 190). — 3, Poils lisses (g = 350).

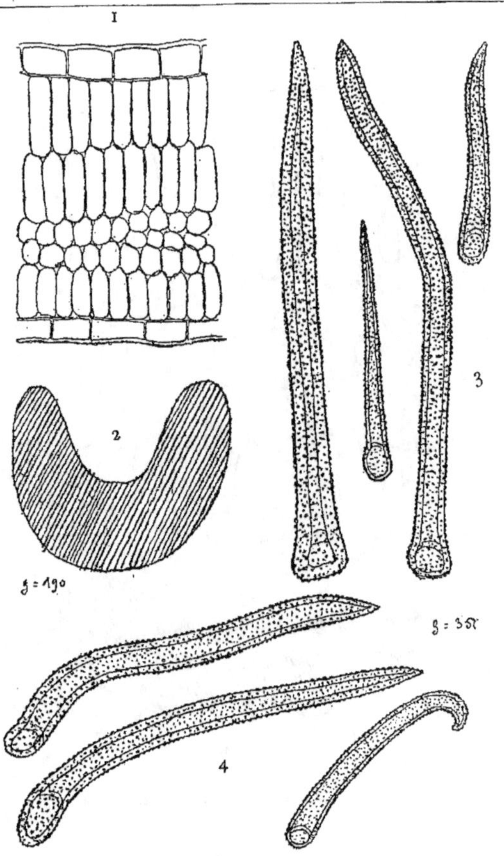

DESSINS ANATOMIQUES D'O. NUTTALII

1, Coupe transversale de la feuille (grossissement : g = 350). — 2, Coupe transversale
du faisceau ligneux (g = 190). — 3, Poils verruqueux dressés (g = 350). — 4, Poils
verruqueux arqués (g = 350).

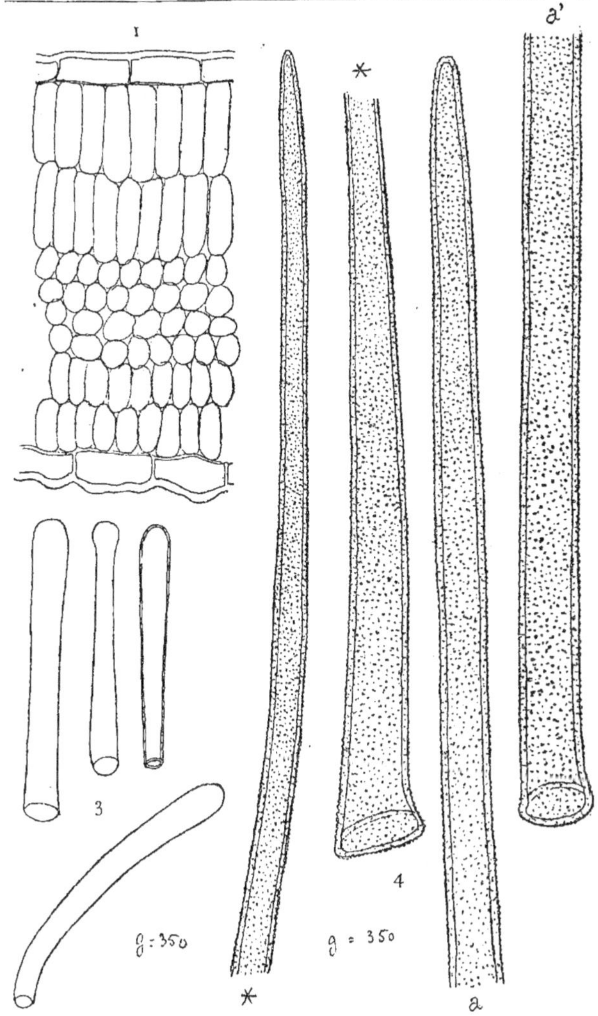

DESSINS ANATOMIQUES D'O. CÆSPITOSA

(Voir la légende page 90).

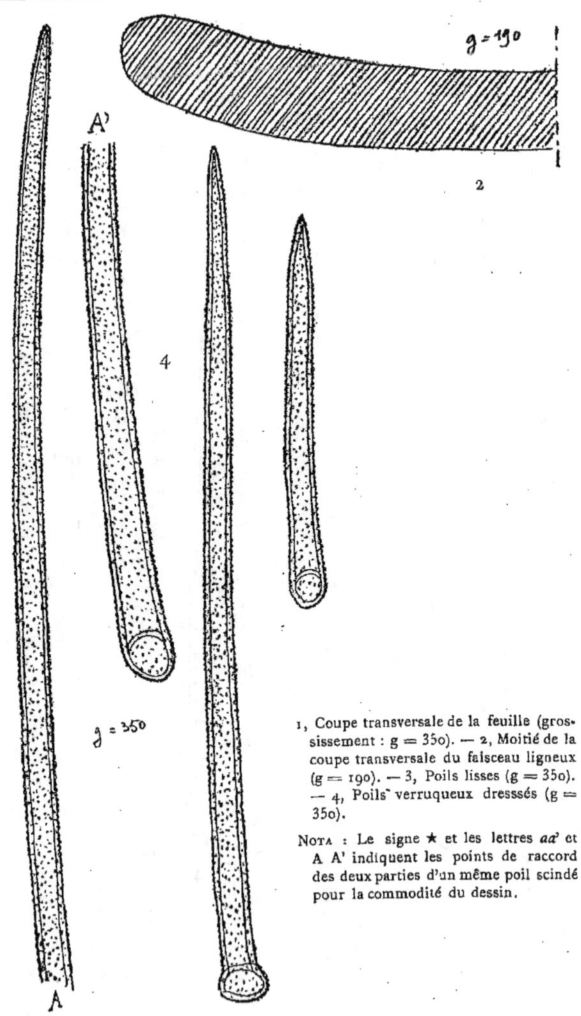

1, Coupe transversale de la feuille (grossissement : g = 350). — 2, Moitié de la coupe transversale du faisceau ligneux (g = 190). — 3, Poils lisses (g = 350). — 4, Poils verruqueux dresssés (g = 350).

Nota : Le signe ★ et les lettres *aa'* et A A' indiquent les points de raccord des deux parties d'un même poil scindé pour la commodité du dessin.

DESSINS ANATOMIQUES D'O. CÆSPITOSA

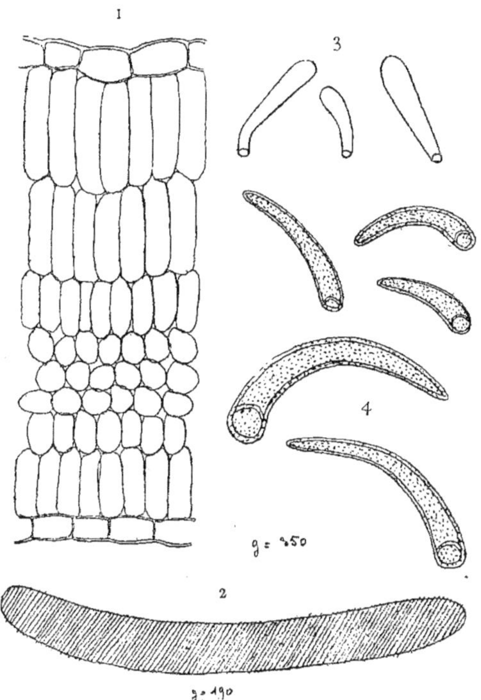

DESSINS ANATOMIQUES D'O. BREVIFLORA

1, Coupe transversale de la feuille (grossissement : g = 350). — 2, Coupe transversale du faisceau ligneux (g = 190). — 3, Poils lisses (g = 350). — 4, Poils verruqueux arqués ou appliqués (g = 350).

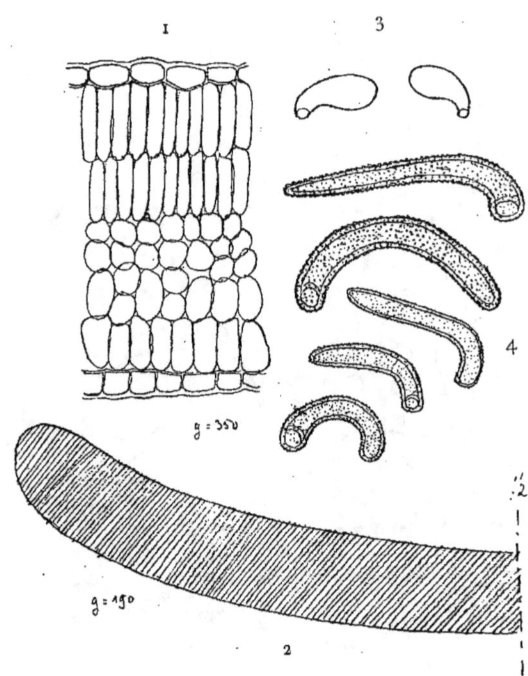

DESSINS ANATOMIQUES D'O. PRIMULOIDEA

1, Coupe transversale de la feuille (grossissement : g = 350). — 2, Moitié de la coupe transversale du faisceau ligneux (g = 190). — 3, Poils lisses (g = 350). — 4, Poils verruqueux arqués ou appliqués (g = 350).

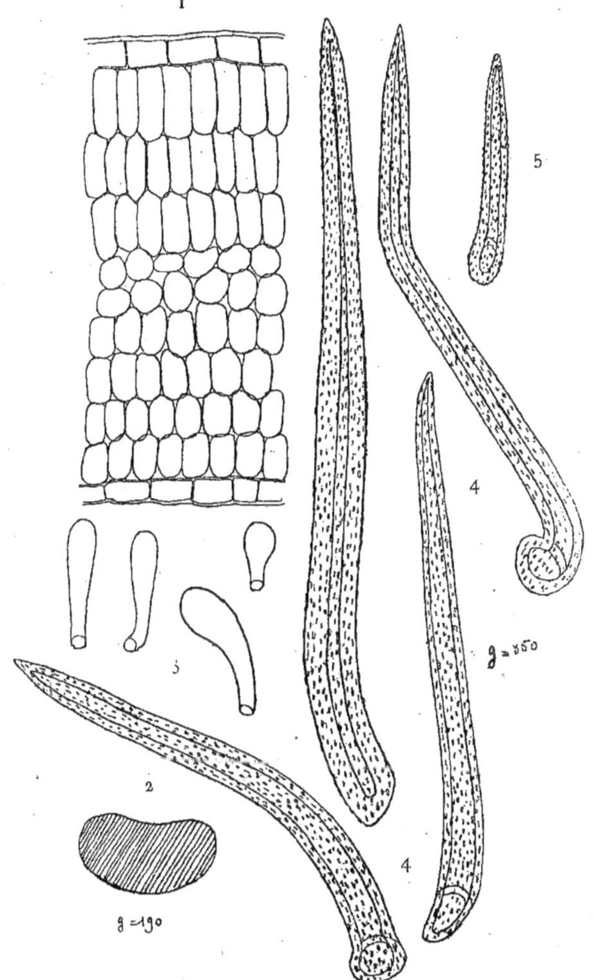

DESSINS ANATOMIQUES D'O GRACILIFLORA

1, Coupe transversale de la feuille (grossissement : g = 350). — 2, Coupe transversale du faisceau ligneux (g = 190). — 3, Poils lisses (g = 350). — 4, Poils très finement verruqueux dressés ou arqués (g = 350). — 5, Poils finement verruqueux, dressés (g = 350).

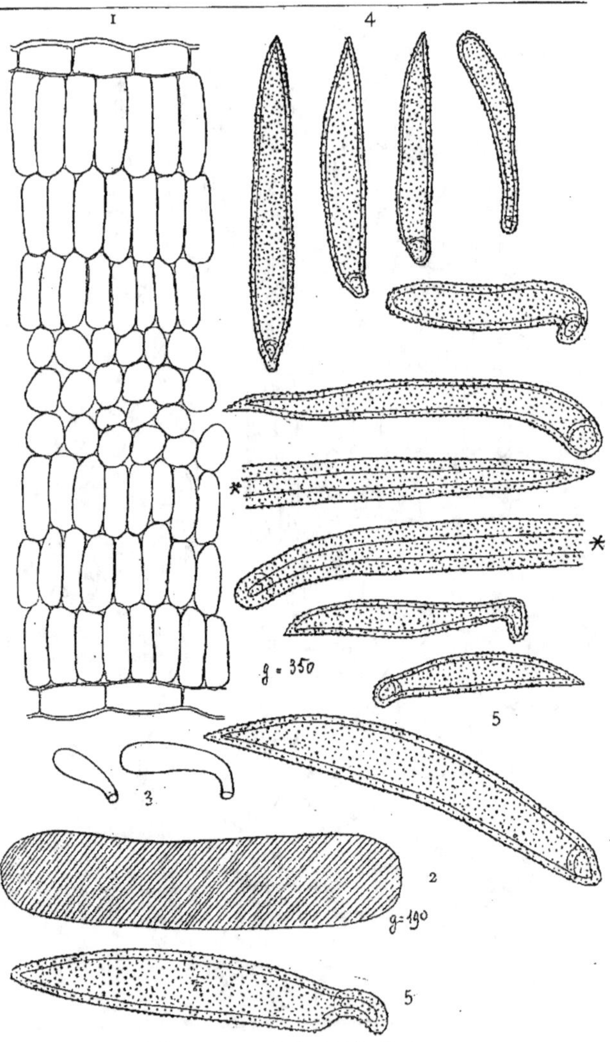

DESSINS ANATOMIQUES D'O. PALMERI

1, Coupe transversale de la feuille (grossissement : g = 350). — 2, Coupe transversale du faisceau ligneux (g = 190). — 3, Poils lisses (g = 350). — 4, Poils verruqueux dressés (g = 350). — 5, Poils verruqueux arqués ou appliqués (g = 350).

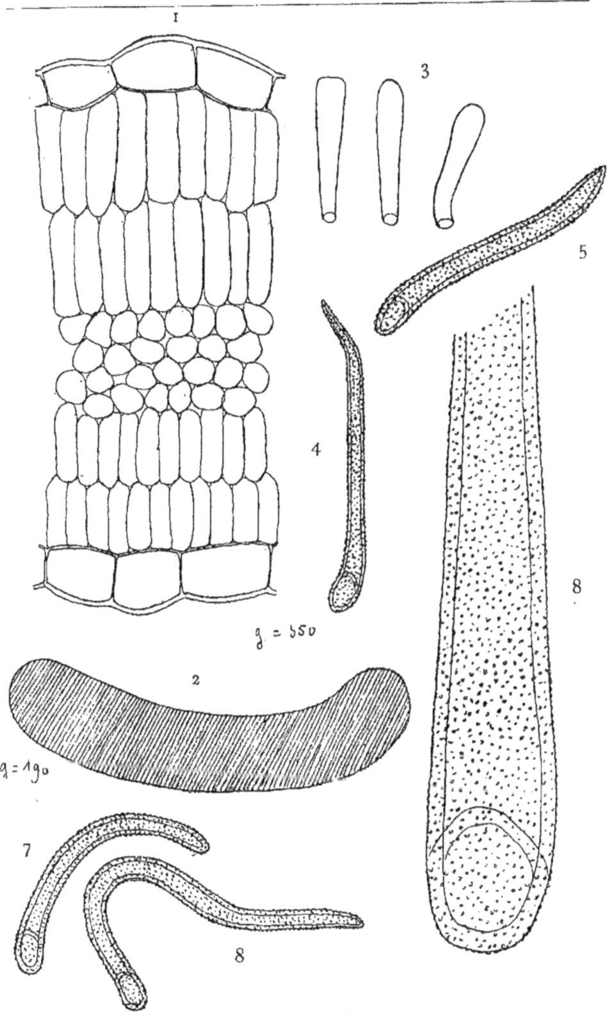

DESSINS ANATOMIQUES D'O. JOHNSONI

(Voir la légende page 97).

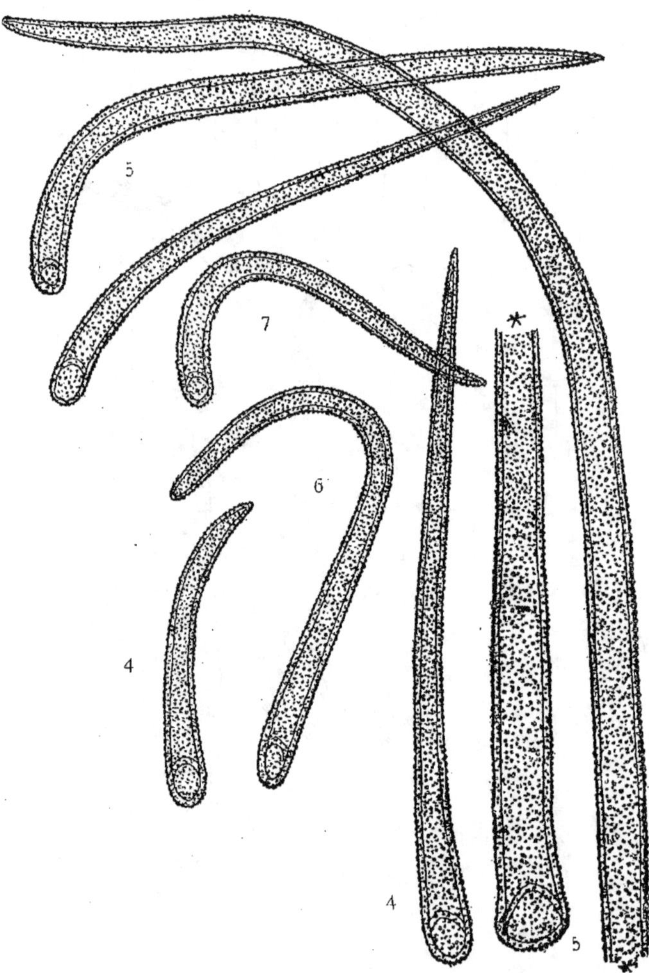

DESSINS ANATOMIQUES D'O. JOHNSONI

(Voir la légende page 97)

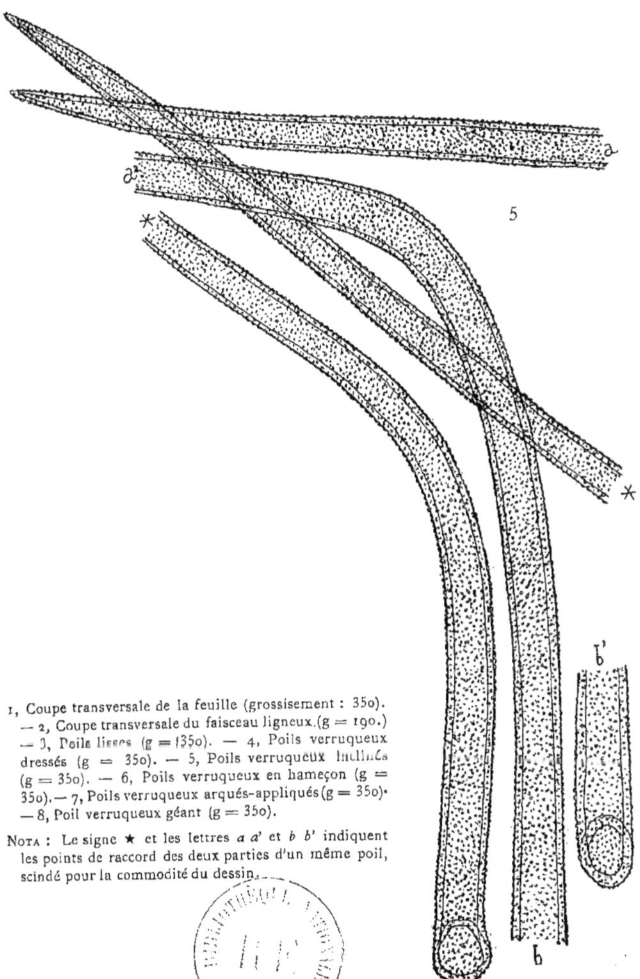

1, Coupe transversale de la feuille (grossisement : 35o).
— 2, Coupe transversale du faisceau ligneux.(g = 190.)
— 3, Poils lisses (g = 135o). — 4, Poils verruqueux
dressés (g = 35o). — 5, Poils verruqueux inclinés
(g = 35o). — 6, Poils verruqueux en hameçon (g =
35o). — 7, Poils verruqueux arqués-appliqués (g = 35o).
— 8, Poil verruqueux géant (g = 35o).

Nota : Le signe ★ et les lettres a a' et b b' indiquent
les points de raccord des deux parties d'un même poil,
scindé pour la commodité du dessin.

Dessins anatomiques d'O. Johnsoni

CLEF

ESPÈCES DU GROUPE DES LATERNIFORMES

———

1.	Feuilles supérieures capillaires	O. LINIFOLIA.
	Feuilles supérieures non capillaires......	2.
2.	Fleurs roses ou rougeâtres	3.
	Fleurs blanches ou jaunes..............	4.
3.	Capsule petite ; plante élancée..........	O. ROSEA.
	Capsule grosse ; plante trapue, étalée.....	O. MULTICAULIS.
4.	Fleurs blanches	5.
	Fleurs jaunes	O. FRUTICOSA.
5.	Feuilles simplement serrulées	O. SHIMEKI.
	Feuilles plus ou moins incisées lobées....	6.
6.	Côtes de la capsule égales.............	O. SPECIOSA.
	Quatre côtes prédominantes ailées	O. TETRAPTERA.

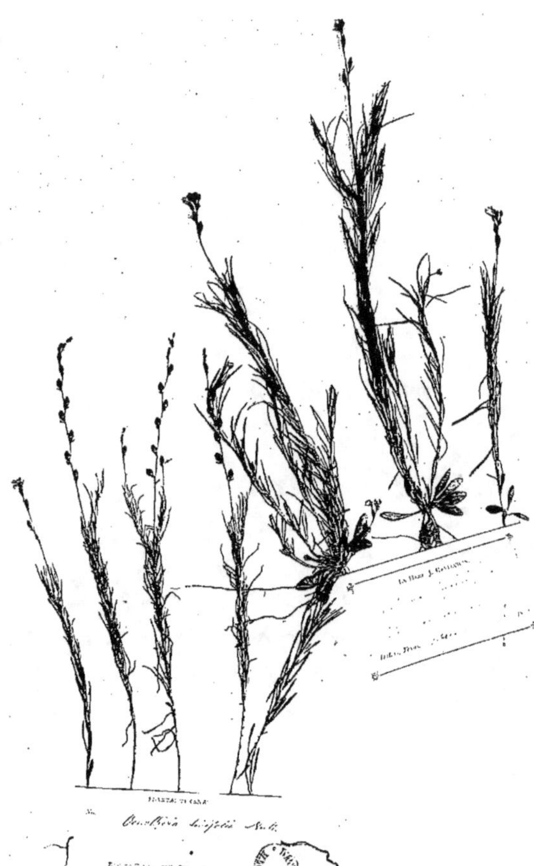

Phot. Bellotti, St-Etienne. Cliché de MM. l'abbé Corbin et Triconnet.

Onothera linifolia Nutt.

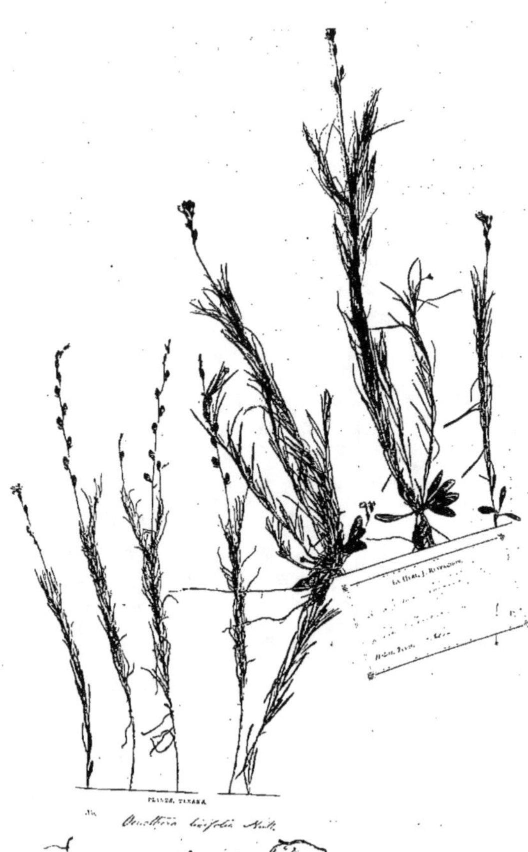

Phot. Bellotti, St-Etienne.

Cliché de MM. l'abbé Corbin et Triconnet.

Onothera linifolia Nutt.

LATERNIFORMES

---

14. **ONOTHERA LINIFOLIA** Nutt.

YNONYMIE : *Kneiffia linearifolia* Spach. — *K. linifolia* Spach.

DIAGNOSE

Racine fibreuse, rameuse.

Tige dressée, glabre ou pubescente.

Feuilles entières, linéaires-filiformes ou capillaires-piniformes, nombreuses ; les radicales oblongues-lancéolées, disposées en rosette latérale ; glabres ou pubescentes, souvent subobtuses, pétiolées ou atténuées en pétiole, à bords roulés.

Fleurs jaunes, petites, passant parfois au rose ; disposées en épis terminaux ; calice velu, à segments plutôt étroits ; pétales entiers ou échancrés ; stigmate *quadrifide*.

Capsule : claviforme, ressemblant à une lanterne gothique à huit côtes subailées, glabre ou pubescente, légèrement [stipitée, tronquée au sommet, petite et courte, rappelant par ses dimensions celle du lin.

Graine : jaune, lisse, anguleuse, subobtuse à une extrémité, acuminée à l'autre.

Avril-juin. Plante des prairies et des collines siliceuses.

DISTRIBUTION GÉOGRAPHIQUE

Missouri : Lawrence Co., 3o mai 1888 (*Jos. W. Blankinship*). — Missouri : Saint-Louis Co., 15 mai 1887 (*G. W. Letterman*). — Georgia : Kalb Co., Meadow at base of Little Stone Mountain, 15 mai 1897 ; n° 5703. — Kansas ; Chautanqua Co., rocky soil and hills, 1896 et 7 mai 1897 ; n° 688 (*A. S. Hitchcock*). — Indian territory, Sapulpa, common, 19 juin 1894 et 11 mai 1895 (*B. F. Bush*).

Œnothera linifolia.
Aux Etats-Unis

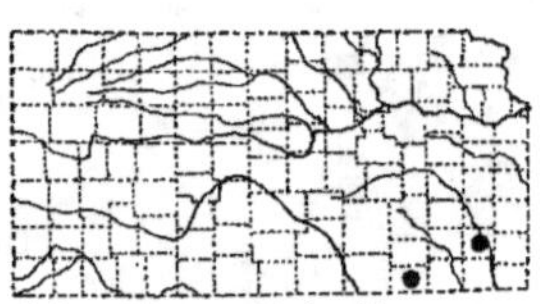

Œnothera linifolia.
Dans le Kansas

Missouri : Potosi, 3 juin 1892 (*Dewart*). — Missouri : Saint-François Co., Bismarck, dry hills, juin 1897 (*Colton Russell*). — N. W. Arkansas, dry hills, mai 1881 (*F. L. Harvey*). — Missouri : Allenton (*G. W. Setterman*). — Eastern Texas : Houston dry prairies, 18 avril 1872 (*Elihu Hall*). — Fort Gibson, juin 1835. — Missouri : Headwaters of Jame's fork of White River, mai 1835. — Texas, prairies, 1843 ; n° 54 (36) (*F. Lindheimer*). — Indian Territory, 1877 (*Britton*). — Atadia, 8 avril 1875. — Indian Territory : sulphate floats, 10 miles North of limestone Gap, 22 mai 1877 (*Geo. D. Butler*). — Galveston, prairie, avril 1843. — Texas, n° 78 (*Drummond*) — Texas : Dallas, prairies sablonneuses, rare (*J. Reverchon*). — Texas oriental, 1848-1849, (*Ch. Wright*). — Indian territory, 13 mai 1883 (*D*r *J. H. Oyster*). — Louisiane, 1844 (*Torrey, Decaisne*).

Cette espèce habite le Missouri, la Géorgie, le Kansas, l'Arkansas, le Texas et le territoire Indien.

15. — **ONOTHERA FRUTICOSA** L.

Synonymie : *Œ. ambigua* Spreng. — *Œ. canadensis* Goldie. — *Œ. florida* Salisb. — *Œ. hybrida* Michx. — *Œ. incana* Nutt. — *Œ. linearis* Michx. — *Œ. media* Link. — *Œ. mollissima* Walt. — *Œ. pilosella* Rafin. — *Œ. riparia* Nutt. — *Œ. serotina* Sweet. — *Œ. tetragona* Roth. — *Œ. Fraseri* Pursh. — *Œ. chrysantha* Michx. — *Œ. gracilis* Schrad. ex Fish et Mey. — *Œ. perennis* L. — *Œ. pusilla* Michx. — *Œ. riparia* Lehm. — *Œ. Drummondii* Walp. — *Œ. uncinata* Scheele. — *Kneiffia angustifolia* Spach. — *K. floribunda* Spach. — *K. linearis* Spach. — *K. maculata* Spach. — *K. riparia* Walp. — *K. suffruticosa* Spach. — *K. Fraseri* Spach. — *K. glauca* Spach. — *K. Michauxii* Spach. — *K. pumila* Spach. — *Blennoderma Drummondii* Spach. — *Onagra Linkiana* Spach. — *O. media* Spach. — *Œ. fruticosa* L., var. *Pilosella* Small et Heller.

DIAGNOSE

Racine fibreuse, rameuse.

Tige dressée ou redressée-ascendante, glabre ou velue, parfois rameuse dès la base, souvent rougeâtre, plus ou moins élevée, flexible, robuste ou grêle.

Feuilles ovales, oblongues ou lancéolées ou linéaires, d'un beau vert ou glauques, glabres ou velues, ou hérissées, pétiolées ou atténuées en pétiole ou sessiles, plutôt obtuses qu'acuminées, à nervure primaire ordinairement bien visible, ordinairement entières, parfois vaguement et obscurément dentées, à dents espacées, ou denticulées ; les radicales ovales ou ovales oblongues en rosette latérale identique à celle des épilobes.

Fleurs jaunes, grandes ou assez petites, parfois tachées de noir à l'onglet ; axillaires ou groupées en épi terminal, parfois feuillé ou

ONOTHERA FRUTICOSA L.

bractéolé, souvent réfléchies avant la fleuraison ; calice souvent concolore avec la corolle, glabre, pubescent ou velu à limbe court ; pétales veinés, échancrés obcordés ; étamines incluses ; stigmate *quadrifide*.

Capsule conique, claviforme, en forme de lanterne gothique, à 8 côtes, dont 4 surtout (celles des angles), subailées ; *pédicellée*, tronquée au sommet, *rarement* sessile.

Graine jaune, lisse, fusiforme, anguleuse.

Mars-novembre. Bois, champs, clairières.

DISTRIBUTION GÉOGRAPHIQUE

North Carolina : Biltmore, fields and open woods, 4 juin 1896 ; n° 669. — New York : Busti, 17 juillet 1891 (*E. M. Wilcox*). — Maine : Aroostook Co.. about the mouth of Aroostook River, Fort Fairfield, dry fields, 24 juillet 1893 ; n° 48 (*M. L. Fernald*). — Canada : Ontario, Frederictown, N. B. Kingston, 24 juillet 1892. (*J. Fowler*). — Connecticut : Cromwell, 1864 ; n° 2309 (*Jonh. H. Redfield*). — Connecticut : Harmington 1864 ; n° 10257 (*Clara Redfield*). — Connecticut : in litt. boreal. Lacus Superioris ; n° 2311 (*John Macoun*). — Connecticut : Seal Harbor, Mt Desert, 8 juillet 1887, n° 10261 (*Jonh H. Redfield*). — Missouri : Shannon Co., 1er juin 1890 (*B. F. Bush*). — Kentucky, 1860 (*C. W. Short*). — S. W. Virginia : Smyth Co., middle Holston valley, on bear creek, east of Hungry Hollow, 2400 feet, 7 juin 1892 (*John K. Small*). — Long Island : Montauk Point, 6 août 1878 ; n° 11979 (*E. S. Miller, T. F. Allen*). — Missouri : Biloxi, 21 avril 1898 ; n° 5064 (*S. M. Tracy*). — Florida : Salahassee, 20 avril 1895 ; n° 123 (*P. H. Ralfs*). — Canada : Ontario, Little Branch Miramichi N. B. Kingston, 1er juillet 1892 (*J. Fowler*). — North Carolina : Biltmore, dry grounds, 10 juin 1897 ; n° 669, b. — Wisconsin, 1878 (*A. Kellermann*). — Georgia : Atlanta, mai 1883 (*Dr Gust. Egeling*). — New York : Brown, 1841. — Texas colony, 1893 (*Crawford*). — New Jersey : Atlantic City, 10 juillet 1871 ; n° 2297 (*J. H. Redfield*). — Virginia : Natural

Bridge, juin 1838 (*J. Buckley*). — Ohio : dry pastures, Canton, juin
1835 (*A.Riche*). — Pennsylvania : Bethleem, juillet 1832 (*C. J. Moser*).
Southern Pennsylvania : Lancaster Co, mouth of Tucquan, 6 juil'et
1893 ; n° 1341 (*A. Arthur Heller, Gertrude Halbach*). — Yadkin
region. — North Carolina, juin 1882 ; n° 13306 (*Bernard Britton*).—
Bedford, juin 1895 (*B. T. Sharpe*). — New Jersey : Atco, sandy fields
22 juin 1871 ; n° 2310 (*J. H. Redfield*). - Québec : Hull, 28 août
1894 (*John Macoun*). — Missouri : Madison margin of dry swamp,
juin 1889 (*W. Trelease*). — Philadelphia (*D{r} E. Eaton*). — Southern
Mississipi, woods, bottoms, and glades, mai 1859, 1867 (*E. Hilgard*).
— Little rock, mai 1837. — Missouri : Biloxi, 29 avril 1895
(*Miss Skenan*). — South eastern Virginia : Southampton Co., near
Brancheville, 12 juin 1893 ; n° 962 (*A. Arthur Heller*). — Alabama ;
Mobile, dry pineridges, mai 1882 (*Chas. Mohr*). — Georgia : Stone
Mountains, 15 septembre 1876 (*Georges Engelman*). — Hudson Co.,
Novae Cæsareae, in paludibus, 1863 (*D. C. Eaton*). — Pennsylva-
nie : Lork Co., 10 juin 1895 (*N. G. Glatfelter*). — Sundrops, juillet
1857, (*A. A. M.*). — East Florida, 1874 ; n° 2299 (178). (*Edw.
Palmer*). — North Carolina : near Forge, foot of Roars M{ts},
23 juin 1879 ; n° 11727 (*John H. Redfield*). — Wisconsin : Black
Earth, 1867 (*T. J. Hale*). — Alabama, mars 1841 (*S. B. Buckley*).
— Little Rock, juillet 1835, n° 103. - West Virginia : Upshur Co.,
22 juin 1897 (*W. M. Pollock*). — West Virginia : Upshur Co.,
near Buckhir, 7 juillet 1894. — Florida : Bristol, 1840 et 1897
(*Chapman*). — Delaware : Towsend, juillet 1866 (*W. M. Camby*). —
St-Fammang (*J. Kohn*). — Davidson Co., 1882, (*T. R. M. Ridgetop*).
— Swamp Edge. — Blue Mountains Barrens (*S. B. Mead*). —
Pennsylvania : Delaware Water Gap, juillet 1875. — South wes-
tern Virginia : Smyth Co. in the vicinity of Marion, fields near
Marion, 2100 feet, 7 juin 1892 (*N. L.* and *Elisabeth G. Britton* and
Anna M. Vail). — South western Virginia : Grayson Co., on Pine
Mountain, and in adjacent valleys, 4600 feet, 15 juin 1892 (*N. L.*
and *Elisabeth G. Britton*). — Southern Virginia, Campbell Co., in

ONOTHERA FRUTICOSA L.

f. *hirsuta.*

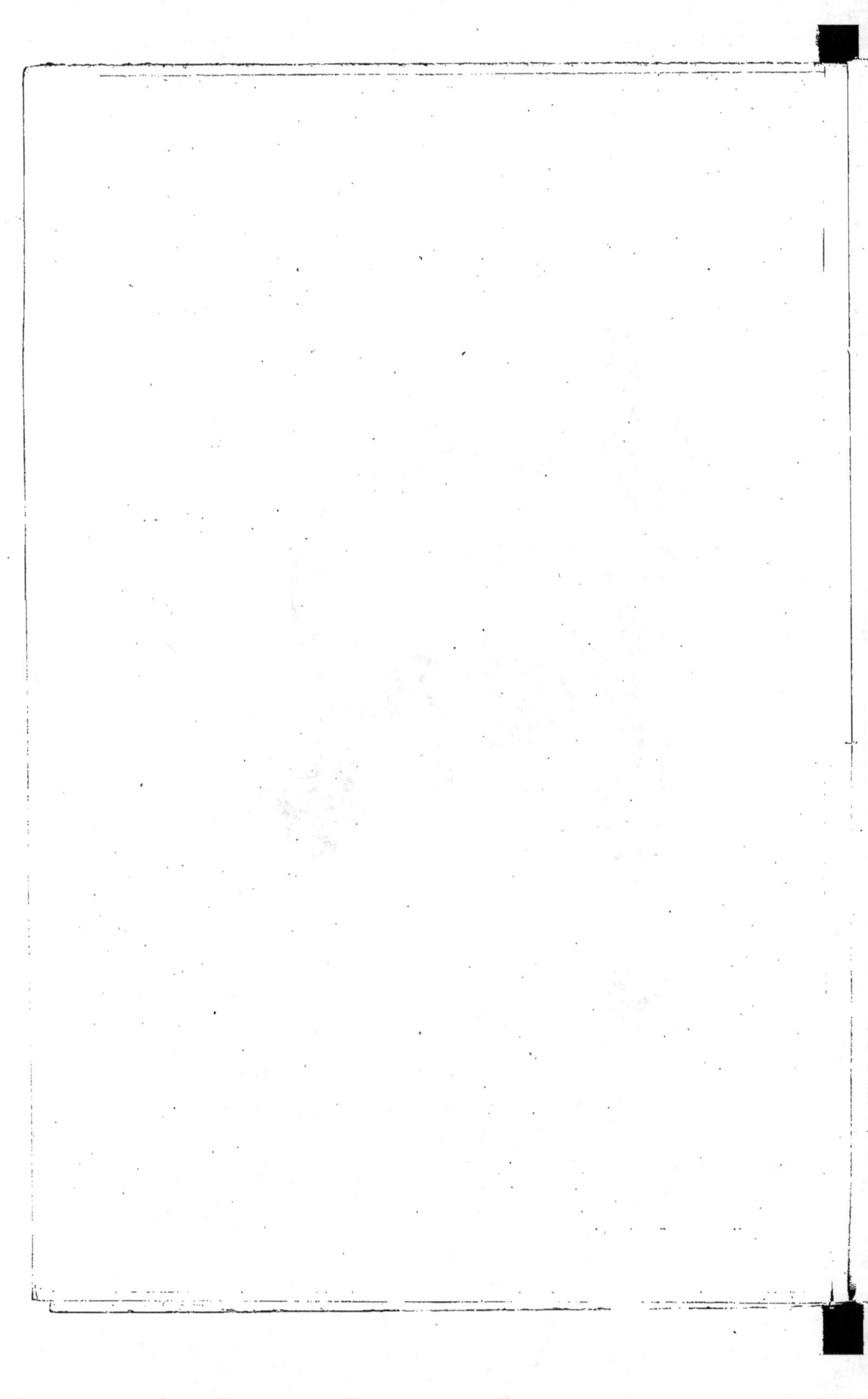

the vicinity of Lynchburg, 5ooo feet, 1ᵉʳ juillet 1892 (*N. L.* and
Elisabeth G. Britton and *Anna M. Vail*). — Massachusetts, 1844
(*Chapman*). — Géorgie supérieure : prés secs, 24 mai 1844 (*Chapman*).
— Nueva Espana, in herb. Pavon. — Rhode Island. — In aridis
Pennsylvaniae superioris, 24 juillet ; n° 376. — Tennessee : in locis
saxosis prope Dandrige, juillet 1842 (*Rugel*). — Massachusetts, août,
sept., novembre 1841 (*Torrey*). — New-York (Asa Gray). — West
Florida : dry pine woods near Aspalaga, avril, n° 909 (*A. H. Curtiss*).
— Alabama : Mobile, 9 mai 1839-1840 (*Asa Gray*). — In montibus
Carolinæ et Virginiæ (*S. B. Buckley*). — South Carolina (*Ravenel*). —
Florida, 1844 (*Chapman*) et 1842 (*Asa Gray*). — Alabama, 1841
(*Torrey*). — Illinois : Athens, juin 1864 (*E. Hall*). — Pennsylva-
nia : Cove Valley, in montibus graminosis, juillet 1824, n° 1845
(*Poeppig*). — Carolina septentrionalis : in pratis ad fluvium Siva-
nano, juillet 1841 (*Rugel*). — Virginia : ad vias in silvis prope Nor-
folk, juin 1840 (*Rugel*). — Central Ohio, 1839 (*Wm. S. Sullivant*). —
Michigan : Little Falls, juillet 1883 (*Mac Carthy*). — Nouvelle Caroline, 1823 (*Schweinitz*). — Floride et Alabama (*C. S. Rafinesque*). —
Tennessee : in summis montium Ball, juillet 1844 (*Rugel*). — Ohio :
Columbus, 1840 (*A. Gray* et *Torrey*). — Maine : Aroostook Co.,
about the mouth of Aroostoock River, Fort Fairfield, dry fields,
4 juillet 1893 ; n° 48 (*L. Fernald*). — New-York, 1855 (*Pearson*). —
Lake Winipeg Valley (*Bourgeau*). — Virginie (*D. Dierville* et *D. Sar-
razin*). — Géorgie : environs de Savannah, 1844 (*Harper*). — Caroline, 1866 (*Maille*). — North Carolina : Statioville (*Camby*). - Pennsylvania : Westmoreland Co. (*Pierron*). — Illinois : Fulton Co.,
lowground, 12 juin 1890 (*H. S. Pepoon*). — Massachusetts : Cambridge, Fresh Pond, 25 juin 1865 (*W. J. Beal*). — Vermont : open
fields, 23 juin 1879 (*C. G. Pringle*). — L'Herbier du Muséum de
Paris renferme en outre un certain nombre d'échantillons d'*O. fruticosa* et de ses formes, mais sans autre indication que le seul nom du
collecteur ou portant la mention trop vague d'Amérique du Nord. —
Açores : Caldeiras, juillet 1898 ; n° 325 (*S. T. B. F. Carreiro*). —

Açores : Vallagao, juin 1898, n° 326 (*S. T. B. F. Carreiro*). — Equateur (*A. Sodiro*). — Chili : prope Santiago (*Philippi*).

L'*O. fruticosa* est une espèce de large extension signalée dans les Etats suivants : Caroline du Nord, Caroline du Sud, Géorgie, Floride, Virginie, Virginie occidentale, Pennsylvanie, Connecticut, New-York, New Jersey, Delaware, Rhode Island, Vermont, Massachusetts, Maine, Ohio, Alabama, Tennessee, Michigan, Wisconsin, Illinois, Iowa, Mississipi, Missouri, Texas. Il croît, en outre, au Canada et dans l'Amérique du Sud, à l'Equateur et au Chili. Il a été introduit aux Açores.

Chez les *Onothera* la grandeur des fleurs et la présence des poils ne peuvent fournir un caractère sérieux pour établir une espèce, pas même pour une variété stable. Il est impossible de savoir où finit l'*O. fruticosa* et où commence le *pumila*. On trouve chez le *pumila* des styles égalant ou même dépassant les étamines tout aussi bien que des styles plus courts que celles-ci. Le *pumila* rentre donc dans la forme à feuilles étroites du stirpe, forme que nous appelons *angustifolia*, mais qui est tellement instable que nous ne pouvons pas même l'indiquer comme variété valable. On trouve, en effet, tous les passages et une forme hétérophylle. D'ailleurs, ainsi que nous l'avons déjà dit, chez toutes les espèces d'Onothera, on trouve la forme à grandes fleurs et la forme à petites fleurs et souvent des intermédiaires entre les deux. Ce sont là des variations sans importance que nous nous refusons à enregistrer à titre de variétés. Quant au *glauca*, nous en faisons avec un point de doute, une variété du *fruticosa*. Toute la plante, et non pas seulement l'ovaire, est nettement glauque.

Certaines formes du *fruticosa* présentent dans leur port (tige et feuilles) une réelle analogie avec les espèces du genre *Epilobium*.

Race **Spachiana** Torrey et Gray.

DIAGNOSE

Racine fibreuse, presque pivotante.

Tige dressée, un peu grêle, souvent rameuse.

Phot. Bellotti.   Cliché de MM. Triconnet et l'abbé Corbin.

ONOTHERA FRUTICOSA L.

RACE : **Spachiana** Torr. et Gray.

Feuilles oblongues, ou oblongues-lancéolées, entières, glabres ou pubescentes, pétiolées, surtout les radicales, ou atténuées en pétiole.

Fleurs blanchâtres, ou jaunâtres, *passant au rose violacé ou au rouge vineux*.

Capsule claviforme en forme de lanterne gothique, à huit côtes.

Graine *mucilagineuse* au contact de l'eau.

DISTRIBUTION GÉOGRAPHIQUE

Texas : dry prairies, 10 miles west of Houston, mai 1842 (*F. Lind-heimer*). — Easten Texas : low grounds, Houston, 12 avril 1872 ; n° 2317 (206) (*Elihu Hall*). — Texas : Industry, avril 1844 (*F. Lindheimer*). — Texas (*J. F. Joor ?*). — Carolina and Georgia : in montibus, 1842 (*S. B. Buckley*). - Texas : Millcreek bottom, avril 1839 (*F. Lindheimer*). — Texas : prairies autour de Brayos, avril 1844 ; n° 64 (*F. Lindheimer*). — Texas : pelouses (*Carpentier*). — Texas : Dallas, Black sands, avril-mai (*J. Reverchon*). — Texas : Dallas, prairies sablonneuses, mai 1880 ; n° 363 (*J. Reverchon*).

Race des prairies riches et sablonneuses ; nous ne connaissons l'*O. Spachiana* que du Texas ou il semble exclusivement localisé.

Var. **maculata**. — Pétales tachés de noir à l'onglet aussi largement au moins que dans l'*Helianthemum guttatum*.

D. G. — Carolina septentrionalis : in pratis regionis superioris montium, Blue Ridge Mts., juin 1841 et Stakys Ms., août 1842 (*Rugel*).

Var. **glauca** Michx. — Plante nettement glauque.

D. G. — Western North Carolina ; Wattauga Co., in a ravine, 5 miles west of Blowing rock, 24 juin 1891 ; n° 262 (*J. K. Small* and *A. A. Heller*). North Carolina Heywood Co. : low thickets, summit of Gunaluska M^t., Balsam Range, 6225 feet, 5 août 1882 ; n° 14362 (*John Donnell Smith*). — Virginia : Bedford Co. ; 9 juin 1871 ; n° 2300 (*A. H. Curtiss*). — Virginia et Carolina, septembre, in montibus altioribus, juillet 1841 (*A. Gray* et *J. Carey*). — North Carolina, 1823 (*Schweinitz*).

Le n° 2300 est le type parfait du *glauca*.

f. *lucida*. — Tige rouge, luisante, glabre. Feuilles glabres, rigides, luisantes, ovales, subsessiles, à base parfois arrondie. Plante rappelant par son port l'*Epilobium hypericifolium*. Semble n'exister qu'à l'état cultivé. Ex horto Valleyres (Suisse) in herb. *Boissier*.

f. *angustifolia*. — Feuilles lancéolées et non ovales.

f. *hirsuta* (*hirsuta* Torr. et Gr. pro varietate). — Plante velue hirsute.

D. G. — South Pennsylvania Lancaster Co., in Chikis quartzite, beteween Churchtown road and Beartown, 6 septembre 1892 ; n° 549 (*A. A. Heller*). — North Carolina : Watauga Co., in vicinity of Blowing rock, 29 juillet 1890 (*A. A. Heller*). — Illinois : Augusta, woods and prairies, 1843 (*S. B. Mead*). — West north Carolina : Caldwell Co., on the eastern slopes of blowing rock mountains, 4000 feet, 22 juin 1891 et 24 juin 1893 ; n° 263 (*J. K. Small* and *A. A. Heller*). — Missouri : Wayne Co., Williamsville, open woods, 10 juin 1898 (*Colton, Russell*). — Missouri : Saint-Louis Co., 11 juin 1878, 24 juin 1887 (*H. Eggert*). — Iowa Territory : near Iowaville, moist situation in the prairie, 27 juin 1841 (*Chas. A. Geyer*). — Mississipi, 1858 (*E. Hilgard*). — Ces derniers échantillons se rapportent également à la forme à feuilles étroites de l'espèce. — Missouri : prairies humides, août 1843 ; n° 361 (*N. Riehl*). — Missouri : Saint-Louis, prairies humides, août 1843 (*Ns. Riehl*). — Missouri : dans une vallée boisée près de la montagne de fer, 1848 (*Trécul*). — Iowa : Iowa City (*A. S. Hitchcock*).

L'Herbier du Museum de Paris renferme sous le nom d'*O. fruticosa* des échantillons qui semblent plutôt se rapporter à l'*O. hirta*.

f. *sessilicarpa*. — Capsules sessiles.

D. G. — Illinois : Beardstown (*Chr. A. Geyer*). — Mo. woods, prairie Clay, mai-juin 1833. — Iowa City (*Albert S. Hitchcock*).

f. *diversifolia*. — Plante pourvue de feuilles de forme différente, ovales et linéaires ou lancéolées-linéaires.

D. G. — Lee Co., Auburn, 8 mai 1897 (*T. S. Earle, C. F. Baker*).

Onothera fruticosa L.

Var. ANGUSTIFOLÍA Spach.

16. — **ONOTHERA MULTICAULIS** Ruiz et Pav.

SYNONYMIE : *Œ. aurantia* Willd. — *Œ. cuprea* Schlecht.

DIAGNOSE

Racine subligneuse, noirâtre, pivotante.

Tiges nombreuses, flexibles, rougeâtres, décombantes, glabrescentes ou pubescentes.

Feuilles entières ou denticulées, ovales, ordinairement pubescentes au moins en dessous, les radicales ou inférieures ovales-oblongues, atténuées en pétiole court, parfois nettement pétiolées.

Fleurs d'un beau pourpre ou d'un rouge cuivre, passant au jaune, petites, à pétales courts se recouvrant par les bords ; étamines incluses ; stigmate quadrifide.

Capsule obovale-claviforme, en forme de lanterne gothique à 8 côtes, pubescente, plus grosse que dans l'*O. rosea* et presque aussi grosse que chez l'*O. tetraptera*.

Graine petite, jaune, lisse, oblongue, obtuse aux deux extrémités.

Avril-août dans l'hémisphère boréal et janvier-juillet dans l'hémisphère austral. — Croît dans les prairies des montagnes.

DISTRIBUTION GÉOGRAPHIQUE

Nouvelle Grenade : Bogota, 1844 (*Justin Goudot*). — Mexique : Sierra de San Felipe, state of Oaxaca, 9000-10000 feet, 23 juin 1894 ; n° 4702 (*C. G. Pringle*). — Bolivie : Andes, prov. Larecaja ; viciniis Sorata ; cabezeras de Chilcani, regio alpina, 3600-4000 m., janvier-mai 1858 ; n° 532 (*G. Mandon*). — Pérou : Chachapoyas (*Matthews*). — Caracas, avril 1840 ; n° 450 (*J. Linden*). — In Andibus Ecuadorensibus, 1857-1859 (*R. Spruce*). — Quito, 147 ;

nº 181 (*Jameson*). — Nueva Espana (in herb. *Pavon*). — Mexique :
prov. de Orizaba, 9000-10000 pieds, août 1839 ; nº 625 (*J. Linden*).
— Pérou, 1839-1840 (*C. Gay*). — Nouvelle-Grenade : prov. de Pasto,
Tuquerres, 3000 m., 1851-1857 (*J. Triana*). — Equateur : Andes
Quitenses crescit in pratis et pascuis, 9000-10000 pieds, juin-juillet
1857-1861 (*R. Spruce*). — Mexique (*Kunth*). — Quito (*Bonpland*).

Nous réunissions cette forme à l'*O. rosea* dont elle nous paraissait une
forme alpine et régionale. Toutefois, en présence des résultats de
l'examen anatomique et d'une étude nouvelle des échantillons de cette
plante, nous l'inscrivons comme espèce distincte jusqu'à nouvel ordre,
en appelant sur elle l'attention spéciale des botanistes américains.

On remarquera cependant que dans plusieurs localités les deux
espèces semblent mélangées.

L'*O. multicaulis* est une plante des régions montagneuses, surtout
intertropicales. On serait tenté de la considérer comme une race sta-
tionnelle et montagnarde de l'*O. rosea*. Elle vit au Mexique, au Pérou,
en Bolivie, au Venezuela, dans l'Equateur, la Colombie et le Chili
septentrional. On la rencontrera vraisemblablement dans le Brésil
occidental au voisinage de la Bolivie.

Phot. Bellotti. Cliché de MM. Triconnet et l'abbé Corbin.

ONOTHERA ROSEA Sol.

17. — **ONOTHERA ROSEA** Sol. in Ait.

Synonymie : *OE. purpurea* Hort. ex Lamk. — *OE. rubra* Cav. —
OE. virgata Ruiz et Pav. — *Hartmannia gauroides* Spach. — *H. rosea*
Don. — *Godetia Heucki* Philip. — *OE. fissifolia* Steud ? — *OE. rosea* Sol.
var. *Helleri.* — *OE. epilobiifolia* H. B. et K. — *OE. lyrata* Auct.

DIAGNOSE

Racine fibreuse, simple ou rameuse, parfois noirâtre, subligneuse.

Tige élancée, souvent décombante, ordinairement rameuse dès la
base, glabre ou pubescente, verdâtre ou rougeâtre, flexible.

Feuilles entières ou denticulées, ou sinuées-dentées, ou légèrement
lyrées, glabres ou pubescentes, ovales ou obovales aiguës ; les inférieures pétiolées, parfois subarrondies, orbiculaires, parfois lyrées, les
caulinaires sessiles ou subsessiles, parfois pétiolées ; les florales (excepté
les inférieures) réduites à de petites bractées.

Fleurs assez petites, roses, rouges ou pourprées ; calice à tube grêle,
à peine dilaté à la gorge ; à segments égaux au tube ou plus courts que
lui ; pétales plus courts que les lobes du calice, à peine plus longs
que les étamines ; style plus court que les étamines ; stigmate *quadrifide.*

Capsule claviforme, rappelant une lanterne gothique, moins robuste
que dans les *O. speciosa* et *tetraptera*, à 8 côtes ; longuement atténuées,
pédicellées, glabrescentes ou pubescentes.

Graine jaune, ovale gonflée, en pointe aux deux extrémités.

DISTRIBUTION GÉOGRAPHIQUE

Mexique méridional : Chiapas, 1864, 1870 (*Dr Ghiesbreght*). — Central Mexico : region of San Luis Potosi, 1878 ; n° 251 (*C. C. Parry*

and *Ed. Palmer*) ; n° 254. — Texas : Dallas, 16 juin 1898 (*N. M. Glatfelter*). — Herbarium Berlandierianum Texano-Mexicanum, n°⁵ 2431, 2433. — Parras, Yerba del Galpe, 16 mai ; n° 670. — Yerba del Galpe, valley near Saltillo, 27 mars 1847 ; n°⁵ 343, 353. — Amapolilla, valley of Nazas, Bolson de Mapime, 15 avril 1847 ; n°.453.

— Mexique central et de là s'étendant dans l'Arizona et le nouveau Mexique, region of San Luis Potosi, 22°, 6000-8000 feet, n° 251 (*C. C. Parry* and *Edw. Palmer*). — Equateur et Pérou, 1872 (*Grisar*). — Arizona : Gardiner's Spring, 26 juin 1882 ; n°⁵ 1893, 14532 (*C. G. Pringle*). — Cuba, 1860-1864 ; n° 2566 (*C. Wright*). — Téneriffe : villa Orotava, 3 juillet 1855 (*H. de la Perraudière*). — Jameltipan entre Tampico, mai ; n° 2:9,-n° 38. — Mexico : State of Chihuahua, by streams near Chihuahua, 7 mai 1887 ; n° 1600 (*C. G. Pringle*). — Mexico. N°⁵ 697 et 709. Arizona : Huachucha Mts, mai 1882. — California : Oakland (*Lemmon*). — Mexico : States of Coahuila and Nuovo Leon, février-octobre 1880 ; n° 346 (*Dʳ Edv. Palmer*). — Mexique : vallée de Mexico, 5 mai 1865 ; n° 39 (*E. Bourgeau*). — New Mexico : Sonora, septembre 1851 ; n° 1071 (*G. Wright*). — Canaries : Teneriffe ; bords des ruisseaux et des routes Realero, 10 octobre 1845 et 20 juin 1855 ; n° 516 (*E. Bourgeau*). — Bolivie : Andes, prov. Larecaja, viciniis Sorata ; Teneria prope rivum in locis subfrigidis, undique regio temperata, 2000-9000 m. toute l'année, 1859 (*G. Mandon*). — Equateur : in Andibus, 1857-1859 ; n° 5963 (*R. Spruce*). — Quito : Andes, 8000 feet, 1849 (*Jameson*). — Nueva Espana (in *herb. Pavon*). — Mexique, n°⁵ 291 et 2326 (*Berlandier*) et 1846 (*Hunant*). — Pérou : Huanuco, 182⁻ (in *herb. Pavon*). — Mexico : San Augustino de las Cuevas, 1790. — Bolivie : Capi, mars 1890 ; n° 779 et Mapiri, 2400 m., janvier 1893 ; n° 1746 (*Miguel Bang*). — Costa Rica : San José, bords des chemins, juillet 1892 ; n° 441 (*Ad. Fonduz*). — Indes : pays des Koulous (*Ujfalvy*). — Guatemala : Tactic depart. alta Verapaz, mai 1866, rare, 4800 pieds ; r.° 181 (*H. von Tuerckeim*). — New Mexico, 1851-1852 (*Wright*). — Pérou, 1839-1840 ; n°⁵ 525 et 728 (*Cl. Gay*). — Pérou : Callao, juil-

let 1836 ; n° 140 (*Charles Gaudichaud*). — Pérou : Lima et Charcay :
ad margines agrorum, octobre-février (*Pavon*). — Venezuela : Hautes
Andes de Truxillo et de Merida, 4000-14500 pieds, 1842 (*Linden*).
— La Havane . in cultis (*Bonpland*). — Nouvelle Grenade, 1286
(*Kunth*).

L'*Onothera rosea* a son centre de dispersion au Mexique, d'où il
rayonne au nord dans l'Arizona, le New Mexico, la Californie et le
Texas. Au sud, par le Guatemala et le Costa Rica, il atteint la Colombie, d'où il s'étend jusqu'au Venezuela et à Cuba à l'est, et au sud
par l'Equateur, le Pérou et la Bolivie jusqu'au nord du Chili. Il
semble suivre la chaîne des Andes. On le rencontrera donc certaine-
ment dans le Salvador et le Nicaragua.

Sa présence aux Canaries, à Ténériffe n'est qu'un point de repère
de l'histoire de son émigration vers l'Europe.

L'*O. rosea* répandu en Europe sur divers points, notamment en
Espagne et en France postérieurement à l'*O. communis* et à peu près à
la même époque que l'*O. polymorpha* se trouve aussi dans l'Inde
anglaise naturalisé dans l'Himalaya occidental près de Simla, de 1800
à 2200 mètres d'altitude (1-20 mai 1856, Schlagintweit) et dans les
Ghattes occidentales à Wellington, où nous l'avons observé et recueilli
nous-même, en compagnie avec l'*O. tetraptera* et l'*O. polymorpha*.

Cette plante est vulgairement appelée *Willd Radish*, c'est-à-dire
Radis sauvage. Elle doit ce nom à sa racine qui rappelle la saveur de la
crucifère. La fleur de cette espèce est préconisée, dit-on, en cata-
plasmes contre les contusions. C'est du moins ce qui ressort d'une
note de l'herbier de Saint-Louis. L'*O. tetraptera* semblerait jouir des
mêmes propriétés.

F. *epilobiifolia*. — Paraît une forme cultivée à feuilles d'*Epilobium*
(herb. Duby in *herb. Boissier*).

Speciosoides

(*O. rosea* × *O. speciosa*).

Feuilles du *rosea* ; fleurs du *speciosa* ; capsules ? racine extrêmement allongée, rampante, *funiforme*, épaisse et rappelant celle *d'ipé-cacuanha* ; feuilles parfois brusquement contractées en pétiole.

D. G. — Cultivé au jardin botanique du Missouri, 31 octobre 1894.

Tetrapteroides

(O. rosea ✕ O. tetraptera).

Petite plante à fleurs de tetraptera, parfois rosées.

D. G. — Herbarium Berlandierianum Texano-Mexicanum, n° 2326.
— East of Reynosa, 4 juin 1847 ; n° 896.

Icones

Cav. IV, t. 400.

18. — **ONOTHERA SPECIOSA** Nutt.

SYNONYMIE : *Œ. Drummondii* Schnizl. — *Œ. obtusifolia* Dietr. —
Œ. Spachii D. Dietr. — *Œ. Webbiana* Steud. — *Xylopleurum Drum-*
mondii Spach. — *X. Nuttalii* Spach. — *X. obtusifolium* Spach. —
Œ. Havardi S. Wats. — *Xylopleurum speciosum* Raimann. —
Hartmannia speciosa Nutt., Small.

DIAGNOSE

Racine fibreuse, simple ou rameuse.

Tige herbacée, simple ou rameuse, ordinairement dressée ou redressée, ascendante, glabrescente ou courtement pubescente, grisâtre.

Feuilles très variables, linéaires ou lancéolées, ou oblongues, ou
ovales, pétiolées ou atténuées en pétiole, dentées ou pinnatipartites
ou pinnatifides ou lyrées panduriformes, pubescentes grisâtres, parfois glabrescentes, parfois barbaréiformes.

Fleurs très grandes ou grandes, belles, blanches ou roses, parfois
odoriférantes, passant ordinairement au rose ; pétales obcordés, visi-
blement nervés, subentiers ou légèrement échancrés ; étamines
incluses, glabres, plus courtes que le style ; stigmate *quadrifide*.

Capsule fusiforme-claviforme, *campaniliforme*, à 8 côtes, dont
4 parfois plus allées , pubescente ou tomenteuse, pédicellée ou sub-
sessile.

Graine ovale, brune ou d'un jaune foncé, lisse, paraissant anguleuse, droite ou coudée, en pointe à une extrémité et subobtuse à
l'autre, rarement acuminée aux deux extrémités.

La plante tout entière est ordinairement grisâtre-pubescente.

Mars-juillet. — Marécages, lieux humides et argileux.

DISTRIBUTION GÉOGRAPHIQUE

Texas : fleurs, mai 1850 ; fruits, juin 1845 ; nᵒˢ 405 et 82 (*F. Lindheimer*). — Missouri : Jackson Co., 6 juillet 1892 (*B. F. Bush*). — Kansas : pleasant valley creek, in prairies, 28 mai 1846 ; n° 402 (*Dʳ A. Wisliʒenus*). — New Mexico : 1847 ; n° 253 (*A. Fendler*). — Texas : prairies west of the Brazas, mars 1839 (*F. Lindheimer*). — On the Kansas river, mai 1845 (*Halsted*). — Texas : 4 miles west von Houston, avril 1840, 1843 ; n° 55 (*F. Lindheimer*). — Canchills bei Fort Gibson, juin 1835 ; n° 176. — New Orleans, 28 mai 1899 (*Dʳ Meelichamp*). — Texas : Gillespie Co., Otto. Mt. (*G. Jermy*). — Illinois : near the C. N. and C.T. rock, near Mt. Carmel, 29 mai 1893. — Missouri : Jackson Co., 30 mai 1845 ; n° 285, common (*K. Mac-*

Œnothera speciosa.
Aux États-Unis.

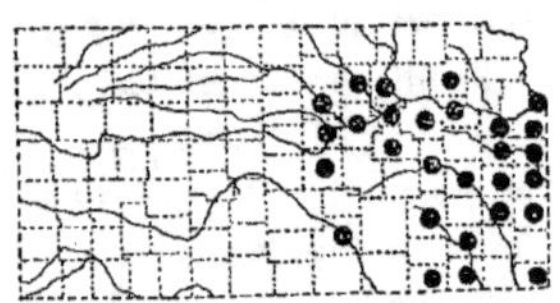

Œnothera speciosa.
Dans le Kansas.

kenʒie). — Missouri : Exeter Co., rare in barrens, 30 juin 1897 ; n° 86 (*B. F. Bush*). — Missouri : Independance, uncommon, 30 mai et 7 juin 1894 ; nᵒˢ 331 et 335 (*B. F. Bush*). — Missouri : Courtney, uncommon, 6 juin 1894 ; n° 332 (*B. F. Bush*). — Missouri : Jackson Co , Dodson, common in barrens, 10 juin 1896 ; n° 816 (*Kenneth K. Mackenʒie*). — Herbarium Berlandierianum Texano-Mexicanum, Matam. avril 1831 ; n° 869 et 1859 ; n° 2433. — San Rosalia near Chihuahua, 30 avril 1847 ; n° 265 (*Dʳ A. Wisliʒenus*). — Indian Territory, 1877 (*Butler*). — Marlas Garzas, valley of Con-

chos, border of water ditch, 21 avril, 1ᵉʳ mai 1847 ; n° 497. — Texas :
San Antonio, plentiful (*E. H. Wilkinson*). — Texas : Brayos Co.,
College Station, juillet 1888 (*Pammel*). — Kansas : Riley Co., prairie. 1ᵉʳ juin 1895 ; n° 160 (*J. B. Norton*). — Indian Territory ; Sapulpa,
common, 11 mai 1895 ; n° 1279. — Indian Territory : Red fork,
common, 20 mai 1895 ; n° 1277. — Arkansas : Cincinnati, dry hill
sides, rare, juin, n° 12807 (20) (*F. L. Harvey*). — Texas : Houston,
wet ground, 20 avril 1872 ; n° 2318 (203) (*Elihu Hall*). — Indian
Territory : low rich prairies 1/2 mile north of limestone Gap, 27 mai
1877 ; n° 11087 (*Geo. D. Butler*). — Oklahoma : stillwater ; n° 195
Waugh). Probablement cultivé. — Kansas : Cowly Co., 28 mai
(*Marc White*). — South Texas : Bexar Co., San Antonio, 6000 feet,
5 mai 1894 ; n° 1703 (*A. Arthur Heller*). — Kansas : Eureka, juil-
let 1892 (*A. S. Hitchcock*). — Texas : La Grange, 2 avril 1897 (*Wm.
Trelease*). — Kansas : Chautauqua Co., open ground, 8 mai 1897 ;
n° 160 a. (*A. S. Hitchcock*). — Kansas : Manhattan, 29 juillet 1893
(*Norton* and *Dormans*). — Mexico : between Saint-Angel and Contera
(*J. Gregg*). — Texas, 1835 (*Drummond*). — Kansas : Manhattan (*Stu-
dent*) et 1892 (*A. S. Hitchcock*). — Texas : Dallas, mai-juin ; n° 913
(*J. Reverchon*). — Texas : Fayette Co., ; n° 95 (*B. Matthews*). —
Texas : Lindheimer, 1844, 1846 (*F. Lindheimer*). — Mexique : Saint-
Antonio de Bijar ; n° 1447. — California, 1847-1848 (*Fremont*). —
Texas : prairies humides, 24 octobre 1849 ; n° 1195 (*Trécul*). —
Texas : Corpus Christi, 6 mars 1894 (*A. A. Heller*). — Kansas :
Chautauqua Co., open ground, 8 mai 1897 (*A. S. Hitchcock*).

Cette espèce nommée *Mexican primrose* est vraiment belle et gra-
cieuse et insuffisamment répandue dans les jardins.

L'*O. speciosa* a son centre de dispersion dans le Missouri, le Kansas, le Territoire indien et le Texas, d'où il rayonne à l'est dans l'Illinois et l'Arkansas et à l'ouest dans le New Mexico d'où il descend
dans le Mexique septentrional.

f. *subintegrifolia*. — Feuilles simplement dentées, à peine lyrées à
la base.

Forme cultivée de graines envoyées du Texas par Mme Maguenet (ex hort. Valleyres in *herb. Barbey-Boissier*). — Texas, 1844 (*F. Lindheimer*).

f. *variegata*. — *Pétales roses à onglet blanc.*

D. G. — Texas : prairies basses de Victoria à Gonzalès et de Gonzalès à Seguis, et entre Braunfels et San Antonio de Bexar, 24-31 octobre et 7 novembre 1849 ; n°s 1195, 1343, 1377 (*Trécul*).

19. — **ONOTHERA SHIMEKI** Lévl. et Guffroy.

Synonymie : *O. speciosa* Nutt. var *serrulatiformis* Lévl. in herb.
Saint-Louis, Missouri. Rév. des *Onothera*.

DIAGNOSE

Racine fibreuse.

Tige dressée, élancée.

Feuilles *linéaires ou sublinéaires*, comme serrulées, rarement dentées incisées.

Fleurs de l'*O. speciosa*. *Stigmate quadrifide*.

Capsule : claviforme, campaniliforme.

Juillet-août.

DISTRIBUTION GÉOGRAPHIQUE

Indian Territory : Sapulpa, scarce, 4 août 1894 ; n° 167 (*B. F.
Bush*). — Indian Territory : Oklahoma City, juillet 1892 (*B. Shimek*).

Espèce confinée et étroitement localisée dans le Territoire indien
où elle est indiquée comme rare.

A première vue, cette plante semblerait un hybride de l'*O. speciosa* et de l'*O. serrulata* Nutt. Mais elle ne présente du second que
les feuilles linéaires serrulées, tandis qu'elle a du premier les fleurs,
les capsules et le stigmate quadrifide. Nous n'y voyions qu'une race
ou une variété de l'*O. speciosa*. L'anatomie semble réclamer la distinction spécifique de cette plante.

20. — **ONOTHERA TETRAPTERA** Cav.

SYNONYMIE : *Œ. capensis* Hort. ex Steud. — *Œ. dubia* Hort. ex Steud. — *Œ. mutabilis* Steud. — *Hartmannia macrantha* Spach.

DIAGNOSE

Racine fibreuse, ordinairement rameuse, parfois pivotante, ligneuse ou charnue.

Tige herbacée ou subligneuse, couchée-étalée, rarement simple, de 5 cent. à 7 décim., parfois redressée-ascendante, ordinairement pubescente velue.

Feuilles pétiolées, ovales, ovales-oblongues ou lancéolées dans leur pourtour, d'ailleurs très variables, irrégulièrement incisées-dentées, ou simplement dentées à dents grosses et irrégulières, sinuées ou roncinées-pinnatifides, à lobes inégaux ou sublyrées-panduriformes, ou à dents très profondes, presque toujours irrégulièrement découpées, très rarement entières, parfois querciformes ou chenopodiformes, glabres ou velues ; les radicales souvent en rosette, à lobe terminal prédominant ; les florales (excepté les supérieures) semblables aux autres.

Fleurs grandes, blanches, passant ordinairement au rose vineux ; calice à tube ordinairement deux fois plus court que les segments du limbe ; pétales grands, obcordés-lobés, deux fois plus longs que les étamines ; style dépassant ordinairement les étamines ; stigmate *quadrifide*.

Capsule claviforme, rappelant une lanterne gothique ; à 4 ailes saillantes et à 4 côtes alternant avec les ailes, sessile ou stipitée ou pédicellée, pubescente ou velue-hérissée.

Phot. Bellotti.   Cliché de MM. Triconnet et l'abbé Corbin.

ONOTHERA TETRAPTERA Cav.

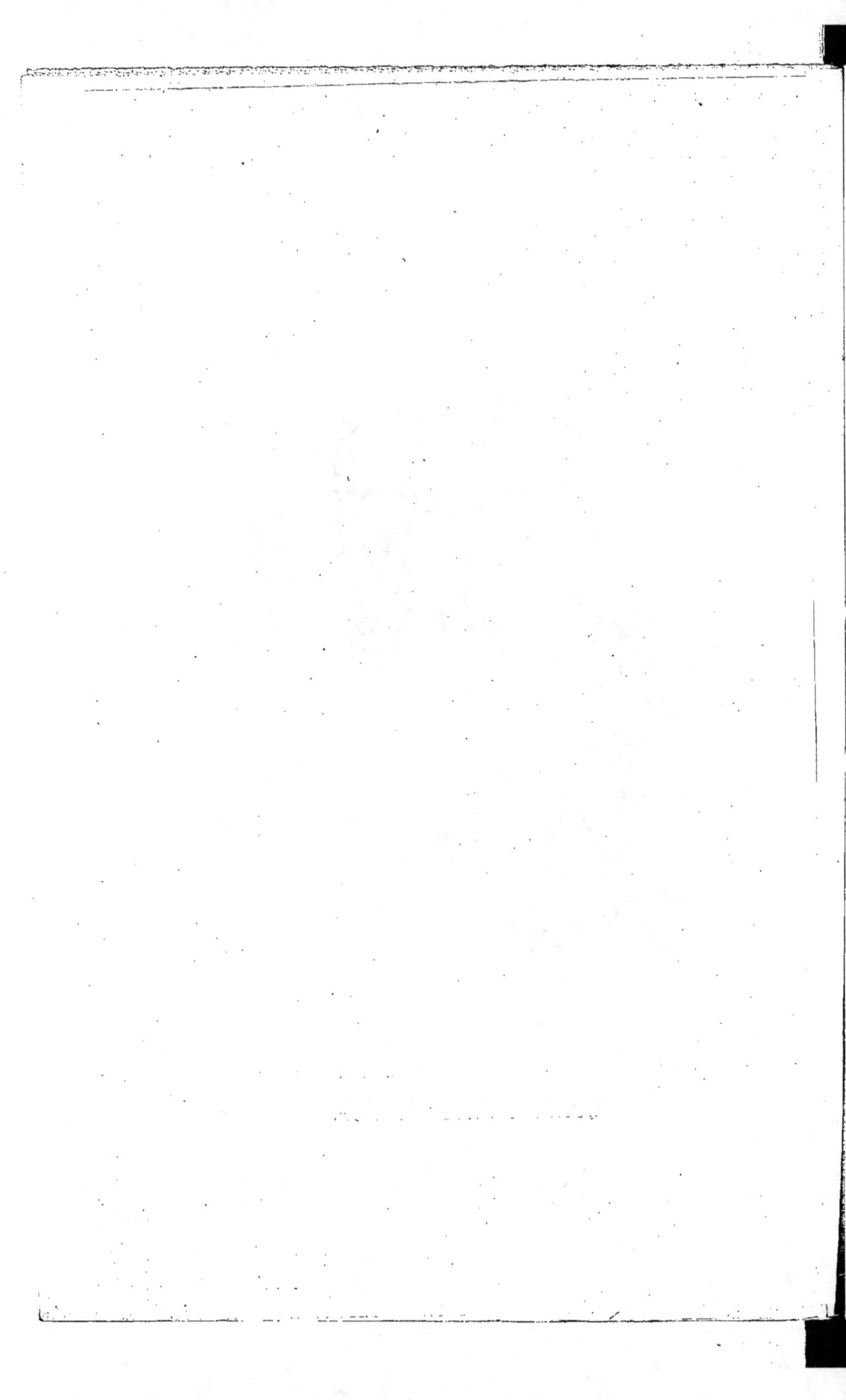

Graine : d'un jaune rougeâtre, ovale, déformée par la dessiccation, obtuse aux deux bouts, parfois atténuée à une extrémité.

Mars-septembre. Lieux herbeux ; sables et graviers humides.

DISTRIBUTION GÉOGRAPHIQUE

South Texas : Corpus Christi, 10 mars 1894 ; n° 1406 (*A. Arthur Heller*). — Central Mexico : region of San Luis Potosi, 22°, 6000-8000 feet, 1878, n°ˢ 250, 252, 254 (*C. C. Parry, Ed. Palmer*). — Texas (*D*ʳ *Butler*). — Texas Colony, 1893 ; n° 45 (*Crawford*). — Texas : San Antonio, on sand bar on river, wide growing at waters edge with *Jussiaea repens* ; n° 69 (*E. H. Wilkinson*). — Texas : New Braunfels, mars 1846 et avril-mai 1848 ; n° 35 (55) (*F. Lindheimer*). — Bishop's Hill near Monterey, 6 février 1847. — Low grounds near Monterey, 30 juillet 1847 ; n° 120 (*D*ʳ *Gregg*). — Yerba del Galpe, valley of Saltillo 22 et 27 mars 1847 ; n° 365. — Texas : prairies, mars-avril 1844 ; n° 55 (*F. Lindheimer*). — South. Mexico : Chiapas, 1864-1870 ; n° 680 (*D*ʳ *Ghiesbreght*). — Venezuela : prope coloniam Tovar, 1854-1855 ; n° 451 (*A. Fendler*). — H. B. G., 1799. — Parry herbarium. — Mexico, 1848-1849 (*D*ʳ *J. Gregg*). — Mexique : Vallée de Mexico, 5 juillet 1860 ; n° 300 (*E. Bourgau*). — Mexique : province de Jalapa, mai 1839 ; n° 623 (*J. Linden*). — Mexique : San Luis Potosi, 1878-1879 ; n° 449 (*D*ʳ *J. G. Schaffner*). — Mexique : State of Chihuahua, Bachimba Canyon, 23 mars 1885 ; n° 161 (*C. G. Pringle*).— Mexique : States of Coahuila and Nuovo Leon ; février-octobre 1880 ; n° 335 (*D*ʳ *Edw. Palmer*). Plante naine. — Nueva Espana (in *herb. Pavon*). — Indes-Orientales : Mrs. Nilgiris, 1851 ; n° 1147, *sans nom* (*Ed. R. F. Hohenacker*). *Naturalisé.* — Mexique : valley of Rio Grande, below Donana (*C. C. Parry, J. M. Bigelow, Ch. Wright, A. Schott*). — Mexique : Orizaba, 1856 (*Bottero*). — Açores : Pico do Salomas, juin 1898 ; n° 324 (*S. T. B. F. Carreiro*). — Cape Colony : Queenstown, 24 février 1894 (*Otto Kuntze*). Introduit.

L'*O. tetraptera* répandue au Mexique s'avance au Nord jusqu'au Texas dont elle habite principalement la partie méridionale et descend au sud jusqu'au Venezuela. Il n'a cependant pas été signalé dans les états de l'Amérique centrale.

Var. *immutabilis* Lévl.

Fleurs demeurant blanches après la fleuraison et la dessiccation.

α. *depauperata*. — Forme apauvrie, humifuse, rabougrie, à petites feuilles étroites.

A cette forme se rapportent les n°s 250, 252, 254 cités plus haut.

β. *chenopodifolia*. — Feuilles rappelant celles des *chenopodium* du groupe *album*.

La plante du Venezuela et le n° 1799 se rattachent à cette forme.

γ. *roseoidea*. — Forme humifuse à feuilles larges, confondue parfois avec l'*O. rosea*.

Les n°s 45, 69, 119, 120, 121, 161, 252, 325, 1406, doivent être rapportés à cette forme.

L'*O. tetraptera* fleurit le soir au coucher du soleil pour fermer ses fleurs le matin vers le lever du soleil.

Le n° 161 que nous rattachons à la forme *roseoidea*, est suspect d'hybridité. Ses feuilles érodées, lyrées-panduriformes pour la plupart, munies à leur base de 2-6 petits lobes, à segment terminal ovale très prédominant entier ou simplement denté ; sa corolle moins grande que dans le type, mais plus large que celle de l'*O. rosea*, le tube de son calice aussi long ou plus long que les segments du limbe, son style égalant les étamines en font une forme extrêmement curieuse et que l'on peut considérer comme critique.

Les *O. rosea, speciosa* et *tetraptera* présentent dans les herbiers un certain nombre d'échantillous défectueux dont la détermination est difficile, surtout étant donné que ces trois espèces présentent des formes à feuilles lyrées ou panduriformes.

GROUPE DES LATERNIFORMES

I. — DESCRIPTION DES TYPES

O. linifolia

EUILLE épaisse de 280 μ.
Mésophylle centrique.
Faisceau ligneux large de 131 μ, épais de 47 μ (R =
2,78).
Poils nuls.

O. fruticosa

Feuille épaisse de 270 μ.
Mésophylle subbifacial.
Faisceau ligneux large de 247 μ, épais de 66 μ (R = 3,74).
Poils tous finement verruqueux et appliqués ou arqués-appliqués,
longs de 70-420 μ, larges de 15-23 μ, à paroi épaisse de 4 6 μ,
aigus ou subaigus.

O. Spachiana

Feuille épaisse de 175 μ.
Mésophylle centrique.

Faisceau ligneux large de 168 μ, épais de 42 μ (R = 4).

Poils tous finement verruqueux et appliqués ou arqués-appliqués, aigus ou subaigus, longs de 140-480 μ, larges de 15-30 μ, à paroi épaisse de 3-6 μ.

O. multicaulis

Feuille épaisse de 135 μ.

Mésophylle bifacial.

Faisceau ligneux large de 276 μ, épais de 55 μ (R = 5).

Poils tous finement verruqueux, aigus ou subaigus, de deux formes :

Les uns dressés, longs de 60-490 μ, larges de 10-15 μ, à paroi épaisse de 1,5-3 μ.

Les autres arqués ou arqués-appliqués, longs de 100-350 μ, larges de 12-16 μ, à paroi épaisse de 2-4 μ.

O. rosea

Feuille épaisse de 170 μ.

Mésophylle centrique.

Faisceau ligneux large de 147 μ, épais de 47 μ (R = 3,12)

Poils de deux natures :

Les uns lisses, à paroi mince, courtement claviformes ou utriformes, longs de 30-55 μ, larges de 10-15 μ, dressés, inclinés ou appliqués.

Les autres finement verruqueux, aigus ou subaigus, et de deux formes : tantôt dressés, longs de 80-185 μ, larges de 10-15 μ, à paroi épaisse de 1,5-3 μ ; tantôt inclinés, arqués ou arqués-appliqués, longs de 45-200 μ, larges de 10-20 μ, à paroi épaisse de 1,5-3 μ.

O. speciosa

Feuille épaisse de 215 μ.

Mésophylle centrique.

Faisceau ligneux large de 300 μ, épais de 63 μ (R = 4,76).

Poils de deux natures :

Les uns lisses, à paroi mince, courtement claviformes ou utriformes,
longs de 30-50 μ, larges de 10-20 μ, dressés, arqués ou appliqués ;
Les autres finement verruqueux, aigus ou subaigus, et de deux
formes : tantôt dressés, ± défléchis au sommet, longs de 30-340 μ,
larges de 20-25 μ, à paroi épaisse de 4-5 μ ; tantôt arqués ou arqués-
appliqués, longs de 170-225 μ, larges de 20-22 μ, à paroi épaisse
de 5-7 μ.

O. Shimeki

FEUILLE épaisse de 250 μ.

MÉSOPHYLLE centrique.

FAISCEAU LIGNEUX large de 126 μ, épais de 60 μ (R = 2,1).

POILS de deux natures :

Les uns lisses, à paroi mince, courtement claviformes ou utriformes,
longs de 40-45 μ, larges de 8-10 μ, inclinés ou subappliqués.

Les autres verruqueux, tantôt finement verruqueux et dressés ou inclinés, longs de 65-130 μ, larges de 15-25 μ, à paroi épaisse de 4-8 μ,
aigus ou obtus ; tantôt très finement verruqueux, et de deux
formes : certains dressés ou inclinés, longs de 200-320 μ, larges de
17-22 μ, à paroi épaisse de 5-9 μ, aigus ; d'autres arqués ou arqués-
appliqués, longs de 170-250 μ, larges de 15-20 μ, à paroi épaisse de
1,5-2 μ.

O. tetraptera

FEUILLE épaisse de 200 μ.

MÉSOPHYLLE centrique.

FAISCEAU LIGNEUX large de 300 μ, épais de 89 μ (R = 3,37).

POILS de deux natures :

Les uns lisses, à paroi mince, claviformes, longs de 170-205 μ, large
de 12-17 μ, dressés ;

Les autres verruqueux, tantôt finement verruqueux et de deux sortes :
dressés, longs de 45-220 μ, larges de 10-15 μ, à paroi épaisse de

1,5-3 µ, aigus ou subaigus ; arqués ou arqués-appliqués, longs de
185-255 µ, larges de 14-20 µ, à paroi épaisse de 2-3 µ, aigus ; —
tantôt très finement verruqueux, dressés ou inclinés, longs de 215-
485 µ, larges de 20-25 µ, à paroi épaisse de 4-6 µ, aigus.

II. — DESCRIPTION RÉSUMÉE DES SECTIONS

Glabræ

Feuille épaisse de 280 µ.
Mésophylle centrique.
Faisceau ligneux large de 131 µ, épais de 47 µ (R = 2,78).

Homotrichæ

Feuille épaisse de 135-270 µ.
Mésophylle bifacial, subbifacial ou centrique.
Faisceau ligneux large de 168-276 µ, épais de 42-66 µ (R = 3,74 à 5).
Poils tous finement verruqueux, dressés, arqués ou arqués-appli-
    qués, longs de 60-490 µ, larges de 10-30 µ, à paroi épaisse de
    1,5-6 µ, aigus ou subaigus.

Heterotrichæ

Feuille épaisse de 170-250 µ.
Mésophylle centrique.
Faisceau ligneux large de 126-300 µ, épais de 47-89 µ (R = 2,1 à
    4,76).
Poils les uns lisses, claviformes ou utriformes, à paroi mince, dres-
    sés, inclinés, arqués ou appliqués, longs de 30-205 µ, larges de 8-
    20 µ ; les autres verruqueux, tantôt finement, tantôt très finement,
    dressés, inclinés, arqués ou arqués-appliqués, longs de 30-485 µ,
    larges de 10-25 µ, à paroi épaisse de 1,5-9 µ, aigus, subaigus ou
    obtus.

III. — CONSPECTUS DES ESPÈCES

I. Feuilles glabres, épaisses de 280 μ, à mésophylle centrique, à
        faisceau ligneux petit ; (131 $\times$ 47 μ ; R = 2,78)
        = *O. linifolia*.

II. Feuilles poilues.
    A. Poils tous finement verruqueux.
        α. Poils d'une seule forme, appliqués ou arqués-appliqués,
            à paroi épaisse de 3-6 μ.
            ⊙. Mésophylle subbifacial ; feuille épaisse de 270 μ ;
                faisceau ligneux moyen (247 $\times$ 66 μ ; R = 3,74)
                = *O. fruticosa*.
            ⊙. Mésophylle centrique ; feuille épaisse de 175 μ ;
                faisceau ligneux petit (168 $\times$ 42 μ ; R = 4)
                = *O. spachiana*.
        β. Poils de deux formes, les uns dressés, à paroi épaisse de
            1,5-3 μ, les autres arqués ou arqués-appliqués,
            à paroi épaisse de 2-4 μ ; mésophylle bifacial ;
            feuille épaisse de 135 μ ; faisceau ligneux
            moyen (276 $\times$ 55 μ ; R = 5) = *O. multicaulis*.
    B. Poils les uns lisses, à paroi mince, les autres ± fermement
        verruqueux, à paroi ± épaisse.
        α. Poils verruqueux l'étant tous finement, de façon uniforme;
            les lisses courtement claviformes ou utri-
            formes, longs de 30-55 μ, dressés, inclinés,
            arqués ou appliqués.
            ⊙. Faisceau ligneux petit (147 $\times$ 47 μ ; R = 3,12) ;
                poils dressés longs de 80-185 μ, larges de
                10-15 μ, à paroi épaisse de 1,5-3 μ, ceux arqués
                ou arqués-appliqués à paroi épaisse de 1,5-3 μ
                = *O. rosea*.

⊙. Faisceau ligneux large (3oo × 63 μ ; R = 4,76) ; poils dressés longs de 3o-34o μ, larges de 20-25 μ, à paroi épaisse de 4-5 μ, ceux arqués ou arqués-appliqués à paroi épaisse de 5-7 μ = *O. speciosa*.

β. Poils verruqueux, l'étant tantôt finement, tantôt très finement.

⊙. Poils lisses, courtement claviformes ou utriformes, longs de 40-45 μ, larges de 8-10 μ, inclinés ou subappliqués ; faisceau ligneux petit (126 × 6o μ ; R = 2,1) ; poils finement verruqueux tous dressés ou inclinés, longs de 65-13o μ, larges de 15-25 μ, à paroi épaisse de 4-8 μ ; poils très finement verruqueux de deux formes : certains dressés ou inclinés longs de 2oo-32o μ, larges de 17-22 μ, à paroi épaisse de 5-9 μ, d'autres arqués ou arqués-appliqués, longs de 9o-25o μ, larges de 15-2o μ, à paroi épaisse de 1,5-2 μ. = *O. Shimeki*.

⊙. Poils lisses, claviformes, longs de 17o-2o5 μ, larges de 12-17 μ, dressés, faisceau ligneux large (3oo × 89 μ ; R = 3,37) ; poils finement verruqueux de deux formes : certains dressés, longs de 45-22o μ, larges de 10-15 μ, à paroi épaisse de 1,5-3 μ, d'autres arqués ou arqués-appliqués, longs de 185-255 μ, larges de 14-2o μ, à paroi épaisse de 2-3 μ ; poils très finement verruqueux tous dressés ou inclinés, longs de 215-485 μ, larges de 2o-25 μ, à paroi épaisse de 4-6 μ. = *O. tetraptera*.

IV. — GROUPEMENT EN SECTIONS

1re Section (glabræ) : *linifolia*.
2e Section (homotrichæ) :
  1re Sous-section : *fruticosa, Spachiana*.
  2e Sous-section : *multicaulis*.
3e Section (heterotrichæ) :
  1re Sous-section : *rosea, speciosa*.
  2e Sous-section : *Shimeki, tetraptera*.

V. — CLASSIFICATION

Spec. 1. *O. linifolia*.
  2. *O. fruticosa*.
    β. Spachiana.
  3. *O. multicaulis*.
  4. *O. rosea*.
  5. *O. speciosa*.
  6. *O. Shimeki*.
  7. *O. tetraptera*.

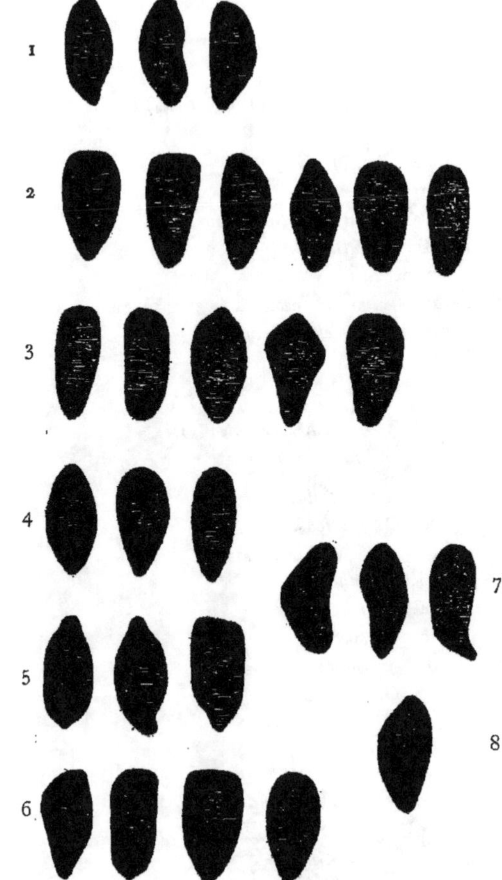

GRAINE : 1, linifolia; 2, fruticosa; 3, Spachiana; 4, multicaulis; 5, rosea; 6, tetraptera
[7, Shimeki; 8, speciosa.

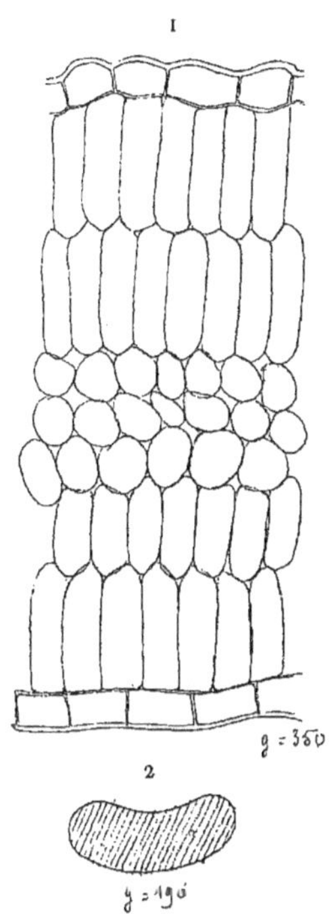

Dessins anatomiques d'O. linifolia

1, Coupe transversale de la feuille (grossissement : g = 350). — 2, Coupe transversale
du faisceau ligneux (g = 190).

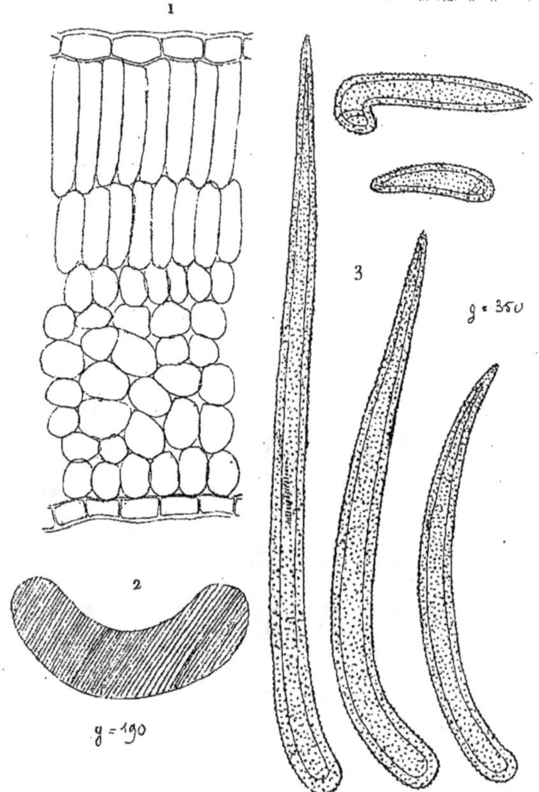

DESSINS ANATOMIQUES D'O. FRUTICOSA (1)

1, Coupe transversale de la feuille (grossissement : g = 350. — 2, Coupe transversale du faisceau ligneux (g = 190). — 3, Poils verruqueux appliqués ou arqués-appliqués (g = 350).

(1) Les poils sont *tous* appliqués, et ceux figurés ci-dessus dressés, l'ont été seulement pour la commodité du dessin.

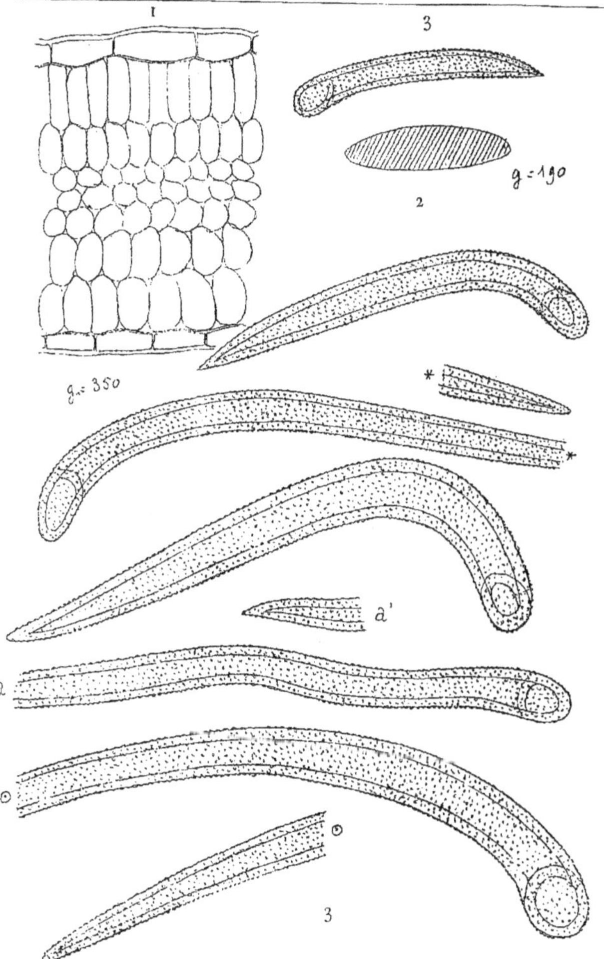

DESSINS ANATOMIQUES D'O. SPACHIANA

1, Coupe transversale de la feuille (grossissement : g = 350). — 2, Coupe transversale du faisceau ligneux (g = 190). — 3, Poils verruqueux appliqués ou arqués-appliqués (g = 350).

NOTA : Les signes ⊙ et ★, les lettres a à a', indiquent les points de raccord des deux parties d'un même poil, scindé pour la commodité du dessin.

9

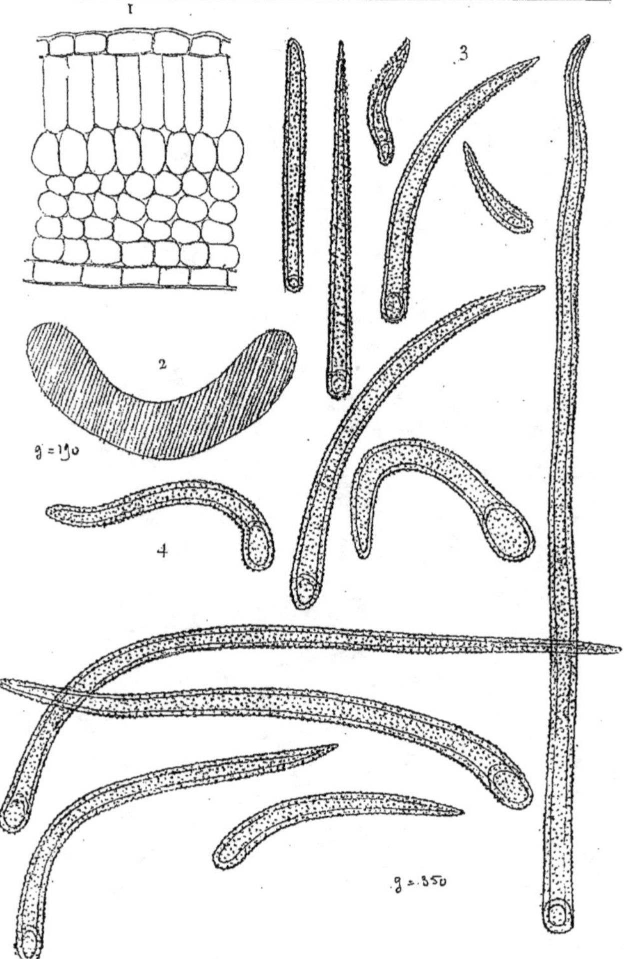

DESSINS ANATOMIQUES D'O. MULTICAULIS

1, Coupe transversale de la feuille (grossissement : g = 350). — 2, Coupe transversale du faisceau ligneux (g = 190). — 3, Poils verruqueux dressés (g = 350). — 4, Poils verruqueux arqués ou arqués-appliqués (g = 350)

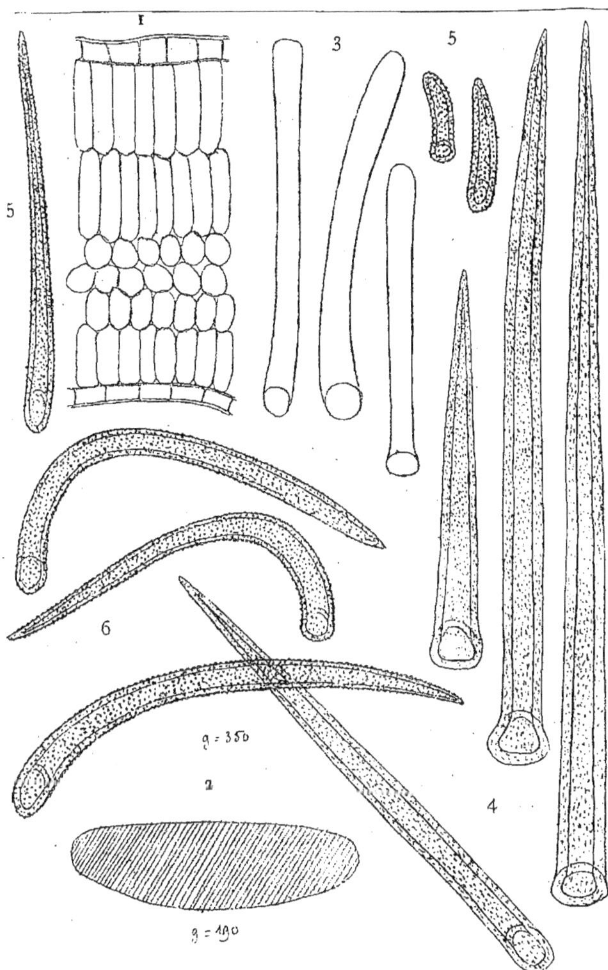

DESSINS ANATOMIQUES D'O. TETRAPTERA

1, Coupe transversale de la feuille (grossissement: g = 350). — 2, Coupe transversale
du faisceau ligneux (g = 190). — 3, Poils lisses (g = 350). — 4, Poils très finement
verruqueux, dressés ou inclinés (g = 350). — 5, Poils finement verruqueux dressés
(g = 350). — 6, Poils finement verruqueux arqués ou arqués-appliqués (g = 350).

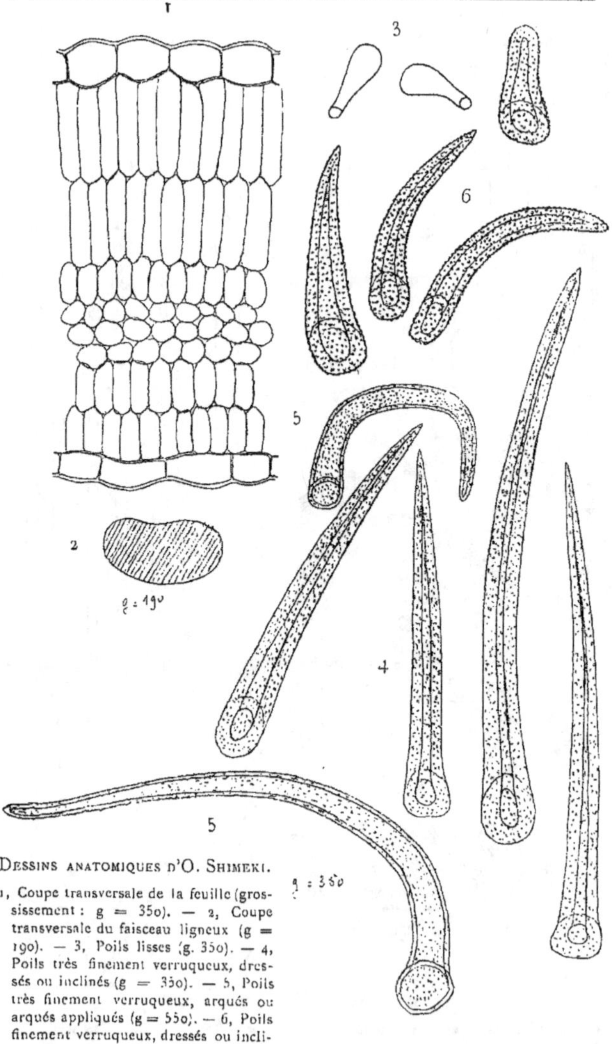

Dessins anatomiques d'O. Shimeki.

1, Coupe transversale de la feuille (grossissement : g = 350). — 2, Coupe transversale du faisceau ligneux (g = 190). — 3, Poils lisses (g. 350). — 4, Poils très finement verruqueux, dressés ou inclinés (g = 350). — 5, Poils très finement verruqueux, arqués ou arqués appliqués (g = 550). — 6, Poils finement verruqueux, dressés ou inclinés (g. = 350).

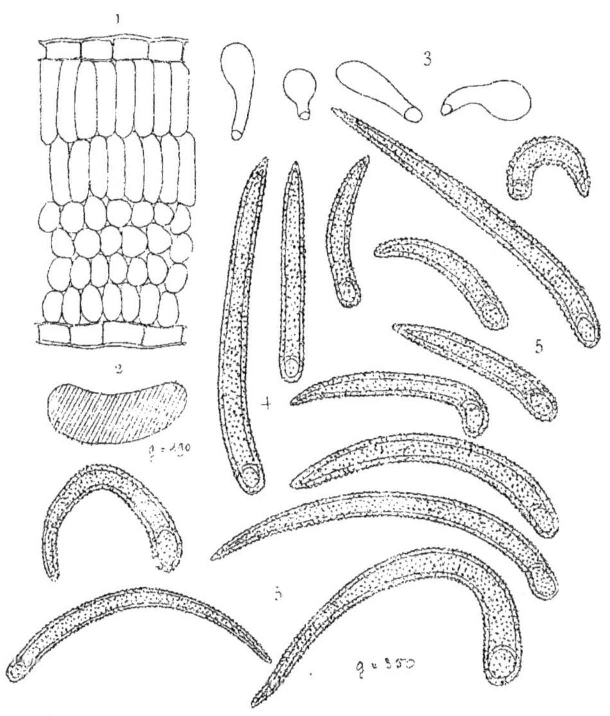

DESSINS ANATOMIQUES D'O. ROSEA

1, Coupe transversale de la feuille (grossissement : g = 35o). — 2, Coupe transversale du faisceau ligneux (g = 190). — 3, Poils lisses (g = 35o). — 4, Poils verruqueux dressés (g = 35o). — 5, Poils verruqueux arqués ou arqués-appliqués (g = 35o).

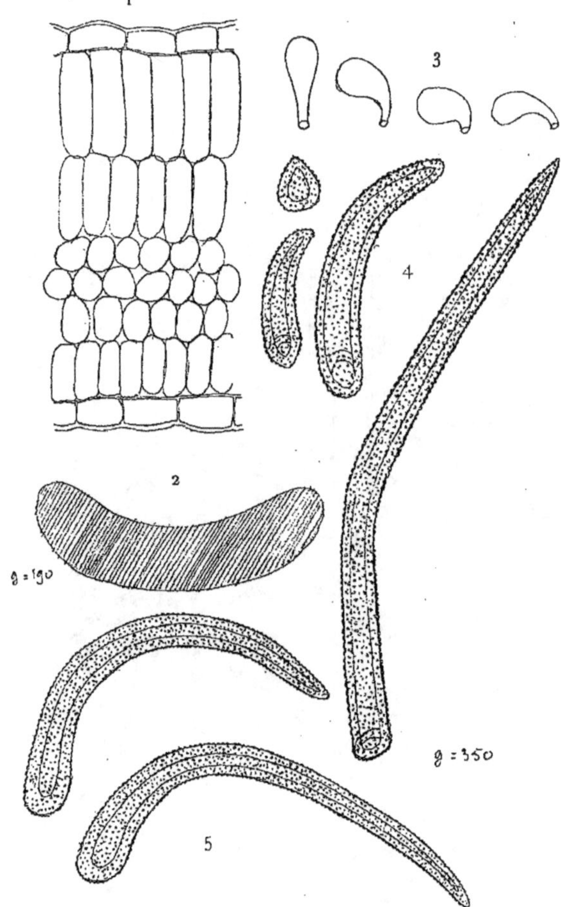

DESSINS ANATOMIQUES D'O. SPECIOSA

1, Coupe transversale de la feuille (grossissement : g = 350). — 2, Coupe transversale du faisceau ligneux (g = 190). — 3, Poils lisses (g = 350). — 4, Poils verruqueux dressés (g = 350). — 5, Poils verruqueux arqués ou arqués-appliqués (g = 350).

INSTITUT INTERNATIONAL DE BIBLIOGRAPHIE

IMPRIMERIE : LE MANS (Sarthe)

ANCIENNE MAISON MONNOYER